高等教育艺术设计专业"十四五"校企合作融媒体系列教材

Cinema 4D
实例设计与制作

主 编　朱 河　付 尧　徐谌榕

副主编　赖泓君　郑哲滢　罗翊夏　熊苡含

参 编　徐 腾　胡 君　谢增福　张 雪

华中科技大学出版社
http://press.hust.edu.cn
中国·武汉

图书在版编目（CIP）数据

Cinema 4D 实例设计与制作 / 朱河，付尧，徐谌榕主编 . —武汉：华中科技大学出版社，2023.6
ISBN 978-7-5680-9437-5

Ⅰ . ① C… Ⅱ . ①朱… ②付… ③徐… Ⅲ . ①三维动画软件 – 教材 Ⅳ . ① TP391.414

中国国家版本馆 CIP 数据核字（2023）第 096943 号

Cinema 4D 实例设计与制作
Cinema 4D Shili Sheji yu Zhizuo

朱河 付尧 徐谌榕 主编

策划编辑：江 畅
责任编辑：刘姝甜
封面设计：孢 子
责任监印：朱 玢
出版发行：华中科技大学出版社（中国·武汉）   电话：（027）81321913
　　　　　武汉市东湖新技术开发区华工科技园   邮编：430223
录　　排：武汉创易图文工作室
印　　刷：武汉科源印刷设计有限公司
开　　本：889 mm × 1194 mm　1/16
印　　张：8.5
字　　数：255 千字
版　　次：2023 年 6 月第 1 版第 1 次印刷
定　　价：59.00 元

前言
Preface

党的二十大擘画了以中国式现代化全面推进中华民族伟大复兴的宏伟蓝图，在这一伟大的新征程中，编写、出版本教材正当其时——既是对习近平总书记关于教育、科技、人才工作重要论述的具体落实，又是准确把握科教兴国战略的科学内涵、强化以文化创新设计赋能经济社会高质量发展的基本遵循。在当今数字时代，三维设计受到越来越广泛的关注和青睐，成为许多行业中必不可少的一部分。而在众多三维设计软件中，Cinema 4D（C4D）以其卓越的功能和易用性，在动画、影视、游戏、建筑等领域都具有广泛的应用。

本教材介绍了 C4D 的各个模块，结合实际案例进行了详细讲解，重点介绍了三维模型建造、展 UV 等知识与技能操作。编者希望通过这本教材，帮助读者更好地掌握 C4D 的基础知识和高级技巧，让读者能够正确地运用 C4D 进行创作和设计，为相关行业从业者的职业生涯提供有力的支持。

除了基础的操作指南，本教材还介绍了 C4D 在动画、物理模拟、特效制作、建模等方面的应用。第一章简单地介绍了 C4D 软件的基础知识和制作三维动画的基本操作，包括用户界面、工程文件、视图切换等；第二章介绍了 C4D 软件的基本建模工具，结合实际案例，使读者进一步熟悉用 C4D 软件建模的方法；第三章主要介绍了理发器模型的建造、展 UV 等；第四章介绍了如何使用 C4D 与其他软件集成协作，制作电商海报字体，将三维模型与二维世界进行融合，帮助读者更好地应对复杂的项目和场景；第五章结合实际案例，介绍了如何使用关键帧属性对建造的模型制作动效；第六章介绍了如何将 C4D 中的其他模型融入正在建立的模型场景中，掌握这部分知识可让相关从业人员在使用 C4D 软件建模时减少模型的重复搭建；第七章结合实际案例详细地介绍了如何使用 C4D 对 IP 形象设计中人物模型进行制作，以及如何进行场景搭建。因此，无论是对初学者，还是对已经有一定经验的设计师，本教材都能够提供全面且系统的学习资料，让其快速掌握 C4D 的使用方法和技巧。教学视频及工程文件可扫描下方二维码获取。

因时间有限，书中难免有疏漏之处，希望广大读者朋友批评、指正。

编者
2023 年 3 月

教学视频及工程文件

目录
Contents

Cinema 4D Shili Sheji yu Zhizuo

第一章

C4D 软件入门

1.1 初识 C4D 软件

一、Cinema 4D 概述

Cinema 4D（简称 C4D）是由德国 Maxon Computer 公司开发的一款可以进行建模、动画制作、场景模拟以及渲染的专业软件。Cinema 4D 在 1993 年从其前身 FastRay 正式更名为 Cinema 4D 1.0。Cinema 4D 发展至今已经具备了 3D 软件的所有功能，并且更加注重工作流程的便捷和高效，即便是新用户也能在较短的时间内入门。

二、Cinema 4D 的应用领域

随着 Cinema 4D 软件功能的不断更新迭代，Cinema 4D 在广告设计、电影制作、工业设计、平面设计、游戏制作、建筑设计等方面都有出色的表现。例如，在影片《阿凡达》制作过程中，花鸦三维影动研究室中国工作人员使用 Cinema 4D 制作了部分场景，在这样的大片中可以看到，C4D 的表现是很优秀的。在其他电影中使用到 C4D 的也有很多，如《毁灭战士》（*Doom*）、《范海辛》（*Van Helsing*）、《蜘蛛侠》，以及动画电影《极地特快》、《丛林大反攻》（*Open Season*）等。Cinema 4D 已经走向成熟，很多模块的功能较同类软件更先进，它正成为许多一流艺术家和电影公司的首选。利用 Cinema 4D 和其他软件结合而创造出来的设计作品常能给人们带来震撼的视觉体验。

1.2 C4D 基本操作

一、Cinema 4D R21 的用户界面

Cinema 4D 的基本工作流程为建立模型、设置摄像机、搭建灯光、赋予材质、制作动画和渲染输出六大步。

启动 Cinema 4D R21 软件后，我们看到的就是 Cinema 4D R21 软件默认的操作界面，包括标题栏、菜单栏、工具栏、通道栏、图层面板、时间滑块 / 范围滑块等区域，如图 1–1 所示。

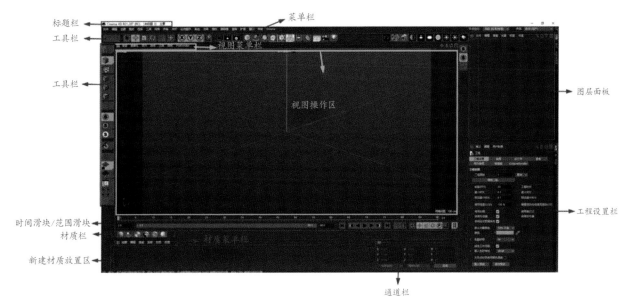

图 1-1

接下来，我们一起具体认识一下 Cinema 4D R21 软件的操作界面。

①菜单栏。菜单栏中几乎包含了 Cinema 4D R21 的所有操作命令，如图 1-2 所示。在点选一级菜单后，可以看到某些选项后有三角形的图标，其代表这些一级菜单选项还有下拉二级子菜单，如图 1-3 所示。有些操作命令后面会显示相应的快捷键信息，如图 1-4 所示，方便从业人员更快地执行某一命令。

图 1-2

图 1-3

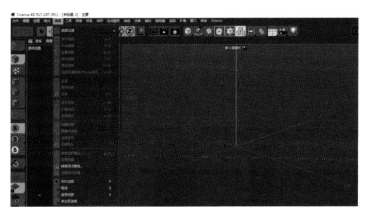

图 1-4

②工具栏。工具栏中包含了常用的操作工具，如实时选择工具（快捷键为"9"）、移动工具（快捷键为 E）、缩放工具（快捷键为 T）、旋转工具（快捷键为 R）、点编辑模式、边编辑模式等，如图 1-5 所示。

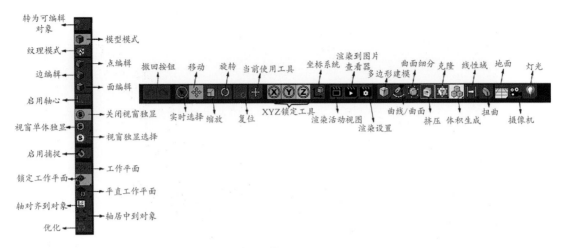

图 1-5

③通道栏。通常显示物体对象的变换属性和输入属性。变换属性包括平移、缩放和旋转时的 X、Y、Z 三个轴向的参数设置，如图 1-6 所示。

④图层面板。图层面板可以帮助我们对工作区的物体对象进行分层、分类和管理，如图 1-7 所示。

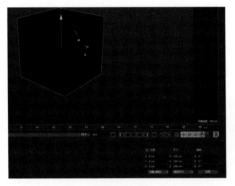

图 1-6

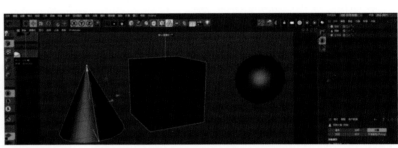

图 1-7

⑤时间滑块 / 范围滑块。该区域的属性与动画相关。所谓的"动画"就是在不同时间内给物体的各个形态、位移等属性进行记录的方式，在时间滑块中给模型设置属性、打上关键帧即可给模型创建动画。时间滑块区的单位是帧，具体多少帧为一秒可在工程设置栏进行设置。时间滑块的右侧则是播放栏。时间滑块 / 范围滑块如图 1-8 所示。

图 1-8

⑥材质栏。在材质栏中，可以放置常用的材质球，如图 1-9 所示，方便从业人员快速地找到所需材质属性。

图 1-9

⑦新建材质放置区。在从业人员新建材质球时，新建的材质球就会跟随系统自动出现在新建材质放置区，从业人员可在新建材质放置区快速地找到对应属性的材质球，方便进行给材质球添加新的节点和纹理属性等操作，在界面右边还会显示材质球的相关属性，如图 1-10 所示。

⑧工程设置栏。工程设置栏，顾名思义，可以对工程的相关属性进行调整，包括帧速率、储存文件方式等，如图1-11所示。在打开Cinema 4D R21界面时，系统默认打开工程设置的相关属性。在工程设置栏中，可以对该工程中模型的外观颜色进行调整，这就是不同的人新建的模型颜色有差别的原因。

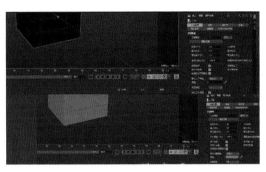

图1-10   图1-11

二、Cinema 4D R21 的视图窗口

1. 视图切换

Cinema 4D R21 软件的视图窗口是指操作过程中频繁使用的工作区，熟悉视图操作区可以极大地提高使用该软件的效率。视图窗口具体包括透视图、顶视图、右视图和正视图，如图1-12所示。

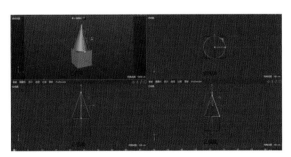

图1-12

打开 Cinema 4D R21 软件，默认的操作窗口是单一的透视图，点击鼠标中键，可将单一的视图任意切换为四种视图中的一种，如图1-13所示。选择需要切换的视图窗口，再点击鼠标中键就可以进入相应的视图。按快捷键V，就会出现悬浮式的菜单，如图1-14所示。悬浮式菜单可以方便我们快速地进行菜单命令选择和切换工程，在后续的章节再学习领悟。

图1-13   图1-14

2. 视图变换与操作

通过视图的变换与操作，可以从不同的方向和距离来观察并修改场景中的对象。

①旋转视图：该操作只能在透视图中使用。按住 Alt 键 + 鼠标左键，在视图区左右移动鼠标，场景中的对象也会随之旋转（视角旋转），如图 1-15 所示。

②移动视图：该操作可在 4 个视图中使用。按住 Alt 键 + 鼠标中键，在视图区左右或上下移动鼠标，场景中的对象也会随之移动位置，如图 1-16 所示。

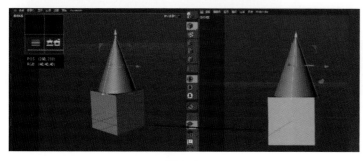
图 1-15

图 1-16

③缩放视图：该操作可在 4 个视图中使用。按住 Alt 键 + 鼠标右键，在视图区左右（或前后）移动鼠标，场景中的对象也会随之缩放距离（按键盘上的"-"和"+"也可以达到相应的效果），如图 1-17 所示。在视图窗口中，如果模型没有完全显示，需在图层面板中选中需要显示在视图区的对象，按住字母"O"快捷键来设置为满屏显示（如不选择模型则快捷键无用），如图 1-18 所示。

图 1-17

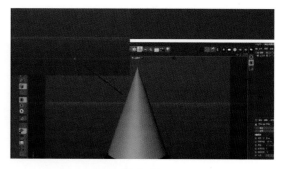
图 1-18

3. 操作页面布局

在使用 Cinema 4D R21 进行建模时，我们可以对操作页面进行自定义布局，按照自己的习惯方式对操作页面进行排版。

具体操作方式：在菜单栏中选择"窗口"→"自定义布局"→"自定义命令"，如图 1-19 所示；打开自定义命令窗口后，点击"新建面板"按钮，此时就会出现一个空白面板，如图 1-20 所示；在名称过滤虚选择框中，输入需要找到的效果或工具，将其拖入空白文档中，如图 1-21 所示。可以自定义灯光区、材质区等，如图 1-22 所示。

图 1-19

图 1-20

图 1-21　　　　　　　　　　　　　　图 1-22

三、Cinema 4D R21 的工程文件

要得到 Cinema 4D R21 的工程文件，首先需要新建一个文件夹来保存所做的工程。在建模过程中我们使用到 EXR、JPG、PNG 等格式的贴图文件或背景图片时，如果使用的文件路径与我们所建的文件夹路径不同，就会出现"此图像不在项目搜索路径中。是否要在项目位置创建脚本？"提示，点击"是"按钮就会自动地将我们所使用的文件复制到新建的工程文件夹中。然后点击"文件"菜单，选择"保存工程（包含资源）"可对工程文件进行整体打包，如图 1-23 所示。一般工程文件默认保存为 C4D 格式。

在导出工程文件时，可以将工程文件转化为不同的格式，方便从业人员在其他软件中进行进一步的优化，如图 1-24 所示。C4D 软件也适配图 1-24 所示的其他类型的工程文件。

图 1-23

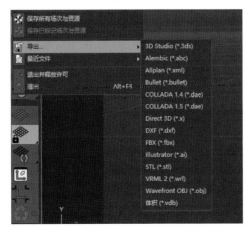

图 1-24

Cinema 4D Shili Sheji yu Zhizuo

第二章

基本模型制作

2.1　建模工具入门

　　熟悉 Cinema 4D R21 的操作界面后，我们需要进行一些基础性的练习，进一步巩固各项基本操作知识。在进行建模之前，我们得先了解建模的工具及其使用方法。

一、多边形建模

　　C4D 中的"多边形"是基于顶点、边、面组成的几何体，顶点、边和面是多边形模型的基本组件。在 Cinema 4D R21 软件中，我们常使用基本体来对模型进行组建。C4D 中可创建的基本体包括立方体、圆柱、圆盘、多边形、球体等，如图 2-1 所示。在建模过程中，通过建立简单的基本体，对其属性进行修改，可以使创建的模型造型变得复杂或简单，同时，在模型建造过程中还可以使用切割、挤出、消除、焊接、倒角、封闭多边形孔洞等工具对模型的形状进行修改。简单来说就是，许多复杂的多边形模型都是以基本体为基础、以工具为辅来完成创建与修改的。

　　Cinema 4D R21 的多边形模型的基本体可以在 C4D 软件菜单栏中的"创建"→"参数对象"中找到，如图 2-1 所示，当然，在默认的 C4D 操作界面的工具栏中找到"立方体"图标，长按鼠标右键，也可以找到同样的多边形模型选项。在后续的学习实践中我们会熟悉使用各式各样的多边形模型对所需模型进行搭建组合。

　　多边形模型的选择模式：在建模过程中，我们可以选择多边形基本体的顶点、边、面和模型，配合移动、缩放、旋转工具对其进行有效的操作，从而建立或修改模型。常用的选择模式的子层级包括点层级、面层级、边层级和模型（对象）模式，如图 2-2 所示。

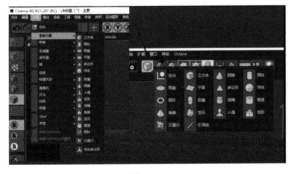

图 2-1

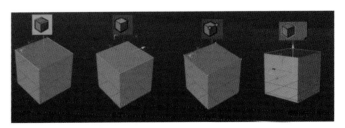

图 2-2

　　在 C4D 中新创建的基本体是没有转换为可编辑对象的（"可编辑"在 C4D 中是指可以对模型的点、边、面进行选择、修改等基本操作），我们可以在模型模式下拖动模型上的黄色小点对模型进行高度、宽度和长度的调整，如图 2-3 所示，同时还可以在对象属性中对模型线段分布、圆角等属性进行调整（在视图菜单中点击"显示"→"光影着色（线条）"，观察模型的线段分布；如不想显示线条则选择"光影着色"），如图 2-4 所示。在建立模型时，如果将模型转化为可编辑对象（按键盘上的"C"键可以将模型转化为可编辑对象），是不可以在对象属性中对模型的线段分布、圆角等属性进行调整的，所以在建立模型时我们需对模型进行分析。当然，在模型转化为可编辑对象后，我们也可以对模型的线段、圆角等属性进行设置，这时就需要使用到一些常用的建模命令工具。常用的建模命令工具有创建点、封闭多边形孔洞、倒角、挤压、切割、焊接、消除等，如图2-5所示。

①创建点：在边／面／点层级模式下，点击鼠标右键选择创建点工具，可以给模型的任意一面或者棱添加新的顶点，如图2-6所示，在使用曲线样条建模时会经常使用。

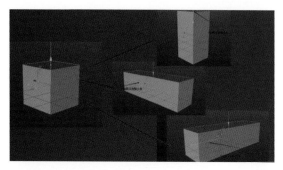

图2-3　　　　　　　　　　　　　　图2-4

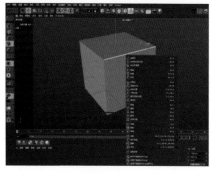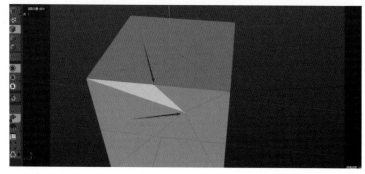

图2-5　　　　　　　　　　　　　　图2-6

②封闭多边形孔洞：在建立模型时，如果模型上的面被清除或者面上有缺口需要填充，在边／面／点模式下，选择该工具，点击缺口处的任意一条边或者顶点可以将缺少的面填充完整，如图2-7所示。

③倒角：其功能主要针对多边形模型整体或部分选定的区域，效果与我们在建立基本体时勾选"圆角"大致相同，但利用倒角工具可以对某一个点进行倒角，在右边的属性模式中，还可以调整倒角的细分数，如图2-8所示。

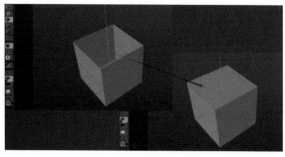

图2-7　　　　　　　　　　　　　　图2-8

④挤压：选择任意一个点、边或者面，使用挤压命令，可以在该点、边或者面的基础上挤出新的多边形网格面，并可以在属性窗口处调节挤出面的偏移和细分数，如图2-9所示。

⑤内部挤压：与挤压命令不同，内部挤压命令只有在面模式下才可以使用，并且它是在同一水平面对面进行向内分段或向外扩张，如图2-10所示。

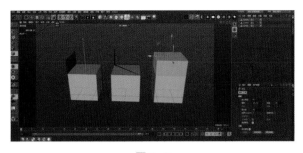

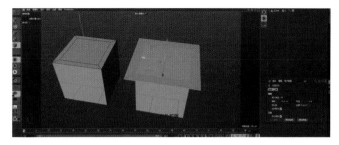

图 2-9　　　　　　　　　　　　　　　　　图 2-10

⑥线性切割：使用线性切割命令，可以对任意一个面自由地进行切割分段，如图 2-11 所示，按 Esc 键可退出线性切割。

⑦循环/路径切割：使用该命令可以在任意一边切割一条循环封闭的分段路径，如图 2-12 所示。

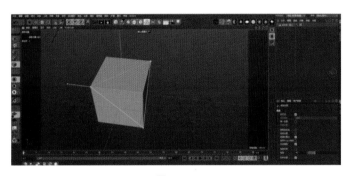

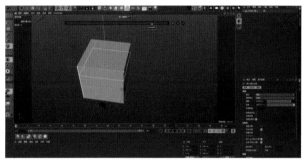

图 2-11　　　　　　　　　　　　　　　　　图 2-12

⑧焊接：选择需要焊接的点，将一个点拖动到另一个点或者焊接中心，即可完成焊接，如图 2-13 所示。

【注：焊接只能作用于有连接关系的对象。对两个无连接关系的对象是无法使用焊接工具的。后续的学习中会有相关的讲解。】

⑨消除：可对多余的边或者面进行清除，如图 2-14 所示，常用在对对象进行布线时。

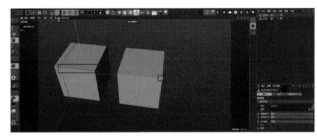

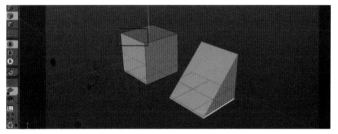

图 2-13　　　　　　　　　　　　　　　　　图 2-14

⑩断开连接：可将对象物体的面或者某一边与对象分离，如图 2-15 所示。该命令对单独的点无效。

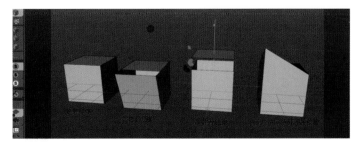

图 2-15

二、曲线（样条）建模

除了使用"多边形"建模外，在 Cinema 4D 软件中，还可以使用样条画笔工具绘制出模型的基本形状，配合生成器中的旋转、放样、扫描等命令建立所需的模型形状。当然，C4D 中也有一些常用的样条曲线，在菜单栏点击"创建"→"样条"，就可以找到基本的样条模型，如图 2-16 所示；在默认的 C4D 操作界面的工具栏中找到样条画笔图标，长按鼠标右键，也可以找到同样的曲线样条。

在 C4D 中使用样条建模时，绘制好所需建模的基本形状后，我们会发现它只是在三维空间中的一条曲线，并没有三维模型的立体感，这时就需要配合生成器中的命令工具进行曲线建模。

在 C4D 中建模常用到的生成器有：

①挤压：绘制或选择所需的曲线样条，按住 Alt 键，在工具栏中找到挤压工具的图标，使用该命令进行面部挤出，如图 2-17 所示。

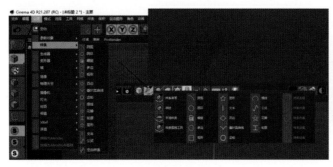

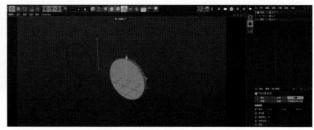

图 2-16　　　　　　　　　　　　　　　　　图 2-17

②旋转：使用画笔工具绘制曲线或者选择 C4D 中现有的曲线，建立好曲线样条后，选中绘制的样条，按住 Alt 键，在工具栏中找到挤压工具的图标，长按鼠标右键之后选择"旋转"，让样条成为旋转命令的子集，如图 2-18 所示，在属性窗口中可以对旋转的角度、分段等进行调整。

③放样：单条曲线不能执行放样命令，放样的基本条件是两条曲线之间具有一定的距离，如图 2-19 所示。

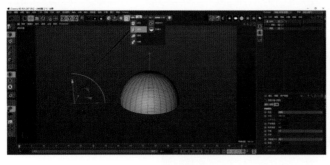

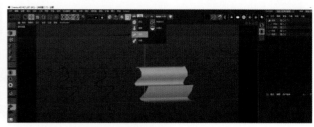

图 2-18　　　　　　　　　　　　　　　　　图 2-19

④扫描：同样需要两条曲线，在扫描命令的子集中，放置在最底层的是扫描对象的基本轮廓，放置在最上面的是扫描外观的形状，如图 2-20 所示。

除此之外，在建模过程中，细分曲面、布尔、对称也是常用的命令工具。在后续章节的学习中，我们会更加深入地学习和巩固 C4D 中的建模工具、建模命令、效果器等知识。

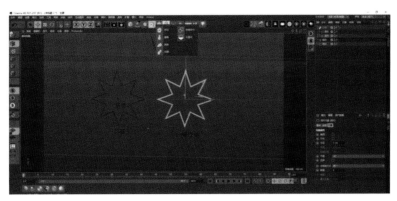

图 2-20

2.2　建模工具进阶

　　了解了 C4D 的建模工具后，接下来通过数据线外观模型的制作过程开始入门学习，进一步熟悉多边形基本体建模与简单样条建模的创建方法和相关编辑工具的使用。最终效果图如图 2-21 所示。

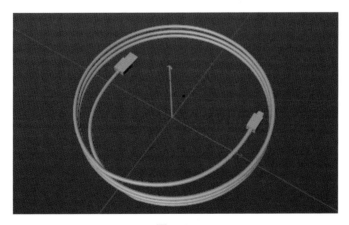

图 2-21

一、数据线 A 端模型制作

　　（1）打开 Cinema 4D R21 软件，在菜单栏中点击"文件"，新建文件并将文件另存为"数据线模型制作"，如图 2-22 所示。

　　（2）保存文件后，按鼠标中键将视图切换为 4 个视图，选择正视图，进入正视图操作页面，如图 2-23 所示。按 Shift+V 键打开面板的工程属性，选择背景，点击图像后的三个小点，导入教学包里面的"数据线线头照片"，水平偏移设为"-153"，将背景图片的透明度调整为 84%，如图 2-24 所示。

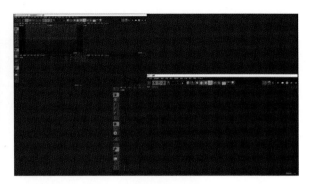

图 2-22   图 2-23

（3）新建立方体，切换为四视图，将立方体沿 Y 轴移动 201.213 cm，拖动黄点，调整立方体的长、宽、高，X 轴方向（长度）的尺寸调整为 256.158 cm，Y 轴方向（高度）的尺寸调整为 298.53 cm，Z 轴方向（宽度）的尺寸调整为 42.405 cm，如图 2-25 所示。

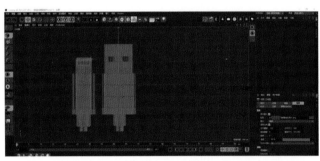
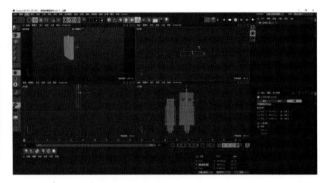

图 2-24   图 2-25

（4）拿到参考图，建立了简单的基本体之后，要学会分析该模型怎样以最优的方式去建立，这就要对模型进行分析。对于数据线的 A 端（较宽一端），我们可观察到这是一个轴对称图形，那么我们只需要建立一部分，另一部可以使用对称工具完成。给立方体模型的 X、Y、Z 方向的线段分布设置为 2，在视图菜单栏中，点击"显示"→"光影着色（线条）"，按住键盘上的"C"键，将模型转化为可编辑对象，如图 2-26 所示；切换到顶视图中，使用框选工具，在点模式下，框选模型 3/4 的顶点，直接按键盘上的删除键删除，留下 1/4 的面，如图 2-27 所示。

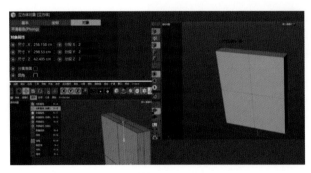
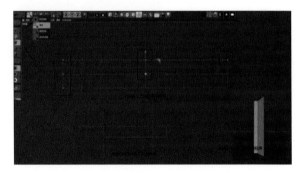

图 2-26   图 2-27

（5）按住 Alt 键给模型添加对称效果，镜像平面为默认的 ZY 方向，按住 Alt 键再添加一个对称效果，将镜像平面修改为 XY 方向，形成一个顶部和底部无封闭形状的模型，如图 2-28 所示。在图层面板中选择立方体，在边模式下，选择 Y 方向的棱边，点击鼠标右键，点击"倒角"，在属性面板中，将偏移量设置为 7 cm，细分数设为 3，如图 2-29 所示。在图层面板中选择最上层的对称效果，按住 Alt 键给模型添加布料曲面效果，并将细分数设置为 0，厚度设置为 −3 cm，如图 2-30 所示。

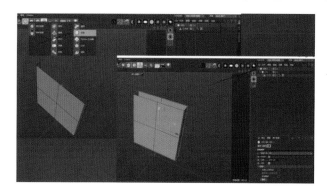

图 2-28

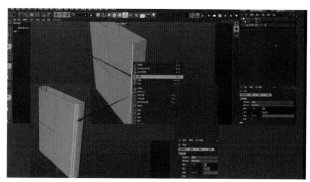

图 2-29

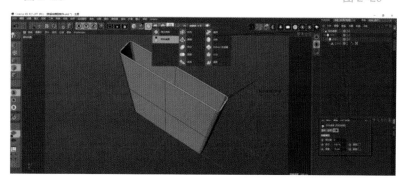

图 2-30

（6）新建立方体制作 A 端线头的内部，切换各个视图，拖动黄点，调整立方体的长、宽、高，使立方体与外壳相切，X 轴方向的尺寸设为 251.965 cm，Y 轴方向的尺寸设为 296.122 cm，Z 轴方向的尺寸设为 16.844 cm，沿 Y 轴移动 202.277 cm，沿 Z 轴移动 9.786 cm，在属性栏中将立方体的圆角属性打开，圆角半径设置为 1 cm，圆角细分数设为 3，如图 2-31 所示。切换到正视图，在图层面板中选择外壳模型的立方体，使用线性切割工具，勾选"仅可见"，按住 Shift 键对画面的横竖向进行切割，如图 2-32 所示。

【注：使用线性切割时，除了要注意正面切割效果以外，线条外侧部的切割效果也要注意，要形成封闭性的循环分段线。】

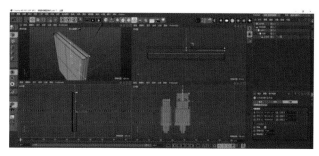

图 2-31

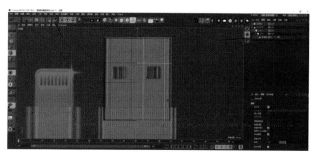

图 2-32

（7）在正视图中使用面层级，选择离背景图孔洞最近的一个面，使用内部挤压工具，将面向内挤压，偏移量设为 13.2 cm，细分数设为 1，点击键盘上的删除键将面删除，将内部的立方体模型隐藏，便可看到明显的效果，如图 2-33 所示。正视图中，用框选工具选中挤压面的四个顶点，使用倒角工具对点进行圆角处理，偏移量设为 10 cm，细分数设为 1，如图 2-34 所示。使用实时选择工具，选择多余的点，对其进行焊接，如图 2-35 所示。

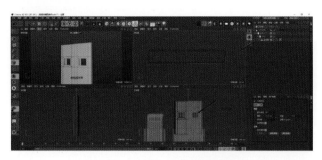

图 2-33

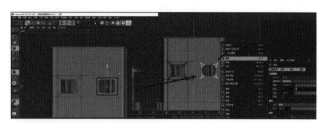

图 2-34

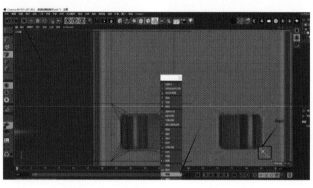

图 2-35

（8）对模型进行布线。使用线性切割工具，按住 Shift 键将面切割为四方形的面，如图 2-36 所示。在图层面板中，选择"细分曲面"，再点击鼠标中键全选细分曲面下的子集。点击鼠标右键选择"连接对象 + 删除"，转换为可编辑的对象后，循环选择孔洞的四边，点击"倒角"，偏移量设为 1.2 cm，细分数设为 3，如图 2-37 所示。使用循环 / 路径切割工具，对模型的顶部和底部进行卡边，如图 2-38 所示。按住 Alt 键给立方体添加细分曲面效果，并将隐藏的模型显示出来，选择内部的模型，将先前打开的圆角属性取消勾选，并"C掉"（转换为可编辑对象，后文同），选择顶部向内的一条边，对其进行倒角，偏移量设为 11.5 cm 左右，细分数设为 5，如图 2-39 所示。

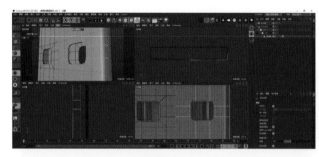

图 2-36

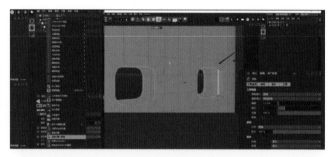

图 2-37

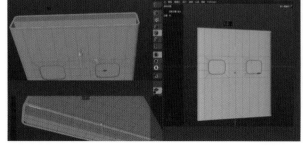

图 2-38

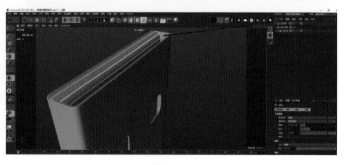

图 2-39

（9）切换到正视图，新建圆柱，拖动黄点调整圆柱大小（半径可参考 56.586 cm，圆柱高度设为 111.325 cm），沿 X 轴移动 7.102 cm，沿 Y 轴移动 –297.986 cm，新建立方体，切换为四视图，在顶视图和正视图中调整立方体的长、宽、高，并沿 Y 轴移动 –79.509 cm，立方体的分段数设置为 2，让立方体完全覆盖圆柱（立方体的 X 轴方向尺寸可参考 290.516 cm，Y 轴方向尺寸设为 352.003 cm，Z 轴方向尺寸设为 139.166 cm，立方体的尺寸是根据背景照片中参考图确定的），如图 2-40 所示。

（10）选择新建的立方体，点击设置视窗单体独显（只显示它），接着将其转换为可编辑对象（"C 掉"）。在面模式下，按住 Shift 键选择顶部和底部的四个面，使用内部挤压工具向内挤压，偏移量设为 7.6 cm，如图 2-41 所示；在边模式下，选择立方体的 12 条棱，对其进行倒角处理，偏移量设为 4.8 cm，细分数设为 3，如图 2-42 所示；点击关闭视窗独显，将所有的模型显示出来，循环选择立方体 1 中间的分段线，对其进行倒角，偏移量设为 63.3 cm，细分数设为 1，如图 2-43 所示。

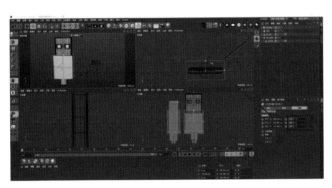

图 2-40

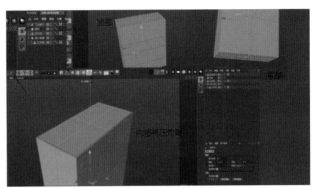

图 2-41

图 2-42

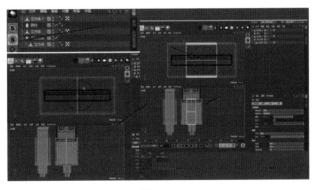

图 2-43

（11）使用移动工具调整一下倒角线段的位置，如图 2-44 所示。将圆柱沿 Y 轴往下移动，与立方体分开。在点编辑模式下，选择立方体底部的中心点，对其进行倒角，偏移量设为 54 cm，细分数设为 1，深度设为 108%，如图 2-45 所示。使用线性切割工具，对底部进行布线，将对角的点进行连接。在面的模式下，选择底部圆形部分的面，对其进行挤压命令，偏移量设为 104 cm；再对其使用内部挤压命令，偏移量设为 8.7 cm；使用挤压命令，向内挤压，偏移量设为 –98 cm。按键盘上的删除键将面删除，同时在图层面板中将建立的圆柱模型删除。效果如图 2-46 所示。

（12）在边模式下，循环选择挤压圆柱顶部的边，对其进行倒角，偏移量设为 5.7 cm，细分数设为 4，深度设置为 125%，如图 2-47 所示。循环选择圆柱底部的两边，使用倒角工具，将偏移量设置为 3.7 cm，细分数设为 3，如图 2-48 所示。按住 Alt 键给模型添加细分曲面效果，如图 2-49 所示。

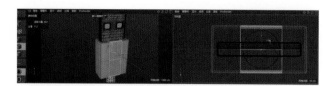

图 2-44

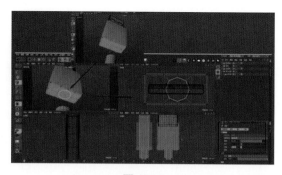

图 2-45

图 2-46

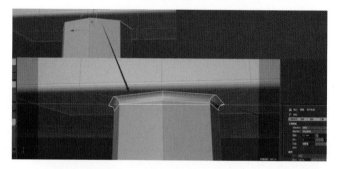

图 2-47

图 2-48

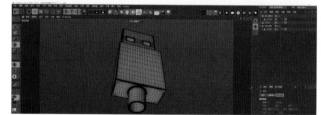

图 2-49

二、数据线 B 端模型制作

（1）在图层面板中，全选所有的层级，按快捷键 Alt+G 打一个组，命名为"A 端头"。将"A 端头"里的"细分曲线 1"按住 Ctrl 键复制一份，将其沿 X 轴移动 –314.869 cm，沿 Y 轴移动 –79.509 cm，切换为顶视图，将细分曲面效果关闭，如图 2-50 所示。在点编辑模式下，用框选工具将模型左右两边的点框选中，使用压缩工具沿 X 轴压缩 217.339 cm，如图 2-51 所示；新建立方体，沿 X 轴移动 –310.084 cm，沿 Y 轴移动 147.108 cm，将立方体 X 轴方向的尺寸设置为 140.293 cm，Y 轴方向的尺寸设为 177.272 cm，Z 轴方向的尺寸设为 22.641 cm，分段数设置为 2，如图 2-52 所示。

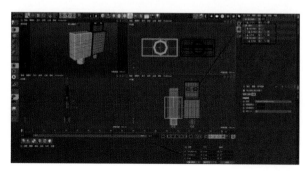

图 2-50

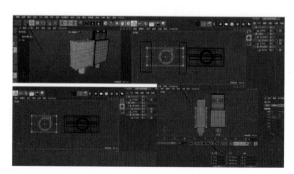

图 2-51

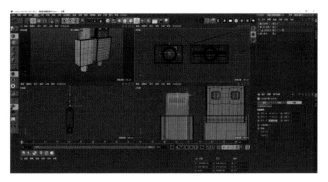

图 2-52

（2）将立方体"C掉"，在透视图中，选择立方体顶部侧面的两条边对其进行倒角，偏移量设为 32.497 cm，细分数设为 3，深度设为 100%，如图 2-53 所示；在菜单栏的"选择"中找到循环/路径选择工具，循环选择立方体的前后边，点击"倒角"，偏移量设为 7.02 cm，如图 2-54 所示；点击鼠标右键，选择"循环/路径切割"，在立方体的正面靠近底部处切割一条循环边，并给立方体添加细分曲面效果，如图 2-55 所示。

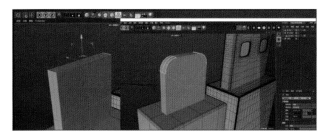

图 2-53

图 2-54

（3）在图层面板中选择"细分曲面"和"细分曲面 1"，按快捷键 Alt+G 建立一个组，并命名为"B端头"。新建一个平面，命名为"贴片"，分段数设置为 2，绕 Y 轴旋转 90°，沿 X 轴移动 -1.816 cm，沿 Y 轴移动 155.575 cm，沿 Z 轴移动 -12.682 cm，将 X 轴方向的尺寸设置为 115.985 cm，Z 轴方向尺寸设为 54.657 cm，再将模型"C掉"，选择四个顶点对其进行倒角，偏移量设为 9.2 cm，如图 2-56 所示。

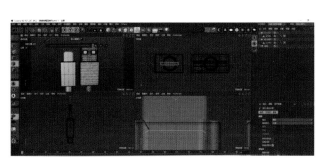

图 2-55

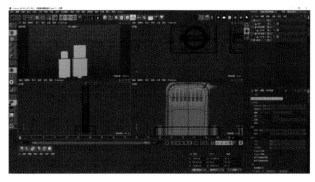

图 2-56

三、数据线模型制作

（1）在样条曲线中，新建一条螺旋曲线。在对象属性中，将螺旋曲线的起始半径设置为 537.883 cm，开始角度设为 -77°，终点半径设为 537.883 cm，结束角度设为 980°，半径偏移设为 50%，高度设为 360.381 cm，高度偏移设为 43%，如图 2-57 所示。

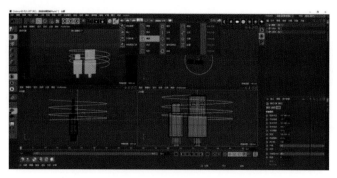

图 2-57

（2）将螺旋曲线"C掉"，使用样条工具沿螺旋模型顶部顶点的延续方向继续绘制一条贝塞尔曲线，底部也是如此，如图 2-58 所示。新建一个圆环曲线，将圆环的半径设置为 35 cm，给圆环和螺旋添加扫描效果，如图 2-59 所示。在图层面板中选择"扫描"，使用压缩工具沿 Y 轴压缩至 31%，效果如图 2-60 所示。在图层面板中，选择 A 端头整体绕 X 轴旋转 90.564°，绕 Y 轴旋转 –86.521°，绕 Z 轴旋转 93.098°，并沿 X 轴移动 –434.843 cm，沿 Y 轴移动 –1.107 cm，沿 Z 轴移动 130.605 cm；B 端头整体绕 Y 轴旋转 –90.973°，沿 X 轴移动 433.422 cm，沿 Y 轴移动 112.392 cm，沿 Z 轴移动 133.767 cm，如图 2-61 所示。

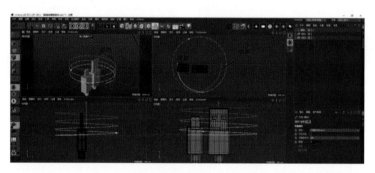

图 2-58

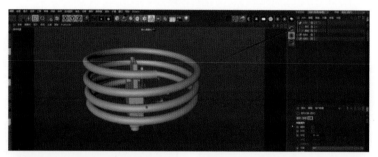

图 2-59

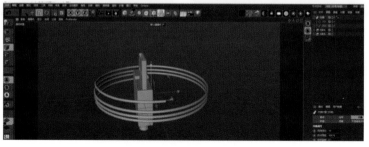

图 2-60

图 2-61

（3）全选面板中的层级，按快捷键 Alt+G 建立一个组，命名为"数据线"，如图 2-62 所示。

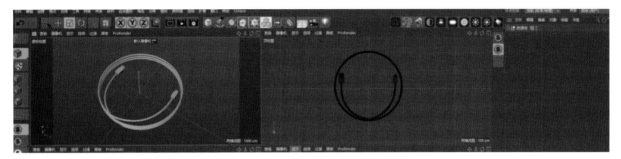

图 2-62

第三章

理发器外观建模——UV 拆分

关于材质，就是要表现出某个物体对象看起来是什么质地，即物体的纹理感。材质可以理解为材料纹理与质感的结合，不同的材料给人不同的质感，不同质感的物品可以令观者产生软或硬、虚或实、通透或浑浊等的感觉。在具体的渲染中，材质是表面各可视属性的结合，这些可视的属性是指表面的色彩、纹理、光滑度、透明度、折射率、反光等，正是有了这些属性，我们才能进一步识别3D模型是用什么做成的，也才有了模型的材质这个概念。在C4D软件工具栏的窗口处找到材质编辑器，可打开编辑器的默认窗口查看材质状态，如图3-1所示。

C4D中常用的材质有漫射材质、光泽材质、透明材质、金属材质、混合材质等。

漫射材质是最基本的材质类型，它不包含任何镜面属性，即没有高光和反光选项。此材质常用来表现以漫反射为主、具有粗糙表面的物体，如木桌、泥土、布料等。此材质在生活物品建模中的使用率极高。新创建的模型在C4D中也被默认分配了漫射材质。

光泽材质是一种常用的材质类型，它可以模拟多种常见的材质效果，特别是提供高质量的镜面光，如用于表现金属和玻璃类型的物体。

透明材质、金属材质与光泽材质都有一定的互通性。混合材质可以将任意两种材质进行综合使用。混合材质的界面如图3-2所示。

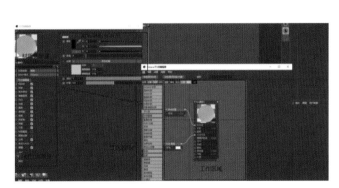

图 3-1

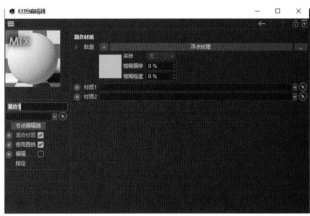

图 3-2

3.1　基础模型建造

（1）打开 Cinema 4D R21 界面，如图 3-3 所示。点击鼠标中键切换为正视图。

（2）保存项目，将项目另存为"理发器模型"，按快捷键 Shift+V 并点击背景，导入电子教学资源包"第三章 / 素材"文件夹中的理发器正视图图片，如图 3-4 所示。

（3）点击"过滤"，取消"网格"勾选，如图 3-5 所示；将理发器图片放置在正中间，如图 3-6 所示。

（4）新建对象"圆柱"，如图 3-7 所示。调整圆柱的高度分段为 1，旋转分段为 16，点击鼠标右键，拖动黄点，调整圆柱的大小，如图3-8所示。

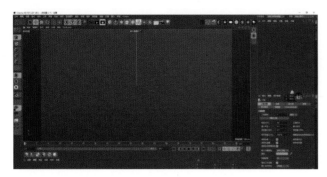

图3-3

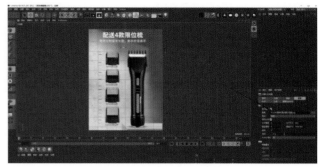

图3-4

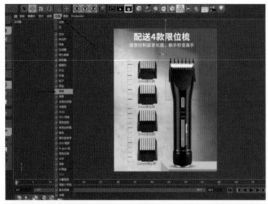

图3-5

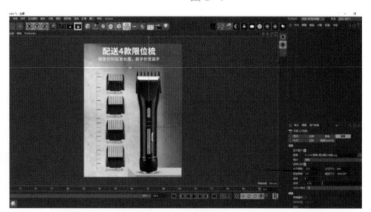

图3-6

图3-7

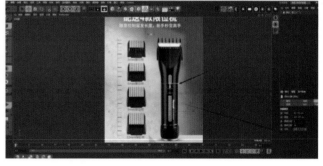

图3-8

（5）将图形"C掉"并优化，选择点工具优化模型，如图3-9所示。在边模式下，点击鼠标右键选择"循环/路径切割"，如图3-10所示，切割模型，效果如图3-11所示。

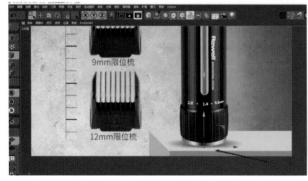

图3-9

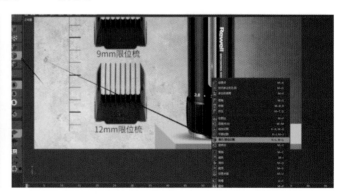

图3-10

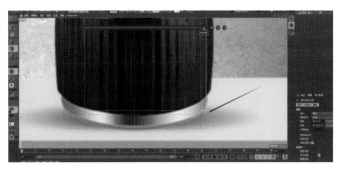

图 3-11

（6）切换视图为透视图，在边模式下，在工具栏中点击"选择"，选择"循环选择"，如图 3-12 所示，选择面，如图 3-13 所示。点击"缩放"，将面向内压缩，如图 3-14 所示。切换为正视图，在点模式下，选择框选工具，如图 3-15 所示，选择点，点击"压缩"，对齐点，如图 3-16 所示。

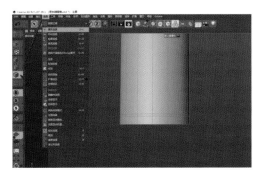

图 3-12

图 3-13

图 3-14

图 3-15

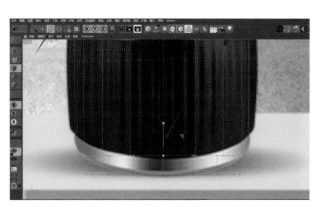

图 3-16

（7）新建对象"圆柱"，如图3-17所示，调整圆柱的高度分段为1，旋转分段为36，点击鼠标右键拖动黄点，调整圆柱的大小。如图3-18所示，将图形转为可编辑对象（"C掉"）并优化。

图3-17

图3-18

（8）切换视图为透视图，在面模式下，在工具栏中点击"选择"，选择"循环选择"，选择循环面，如图3-19所示，点击鼠标右键，选择"内部挤压"，取消勾选"保持群组"，如图3-20所示；向内挤压面，偏移2.6cm，如图3-21所示，点击鼠标右键，选择"挤压"，如图3-22所示；向内挤压，偏移-2.3cm，如图3-23所示。

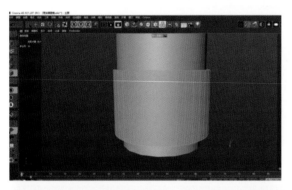

图3-19

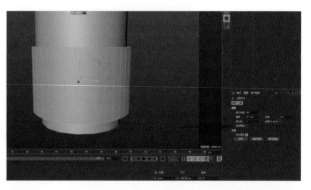

图3-20

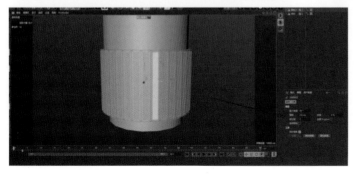

图3-21

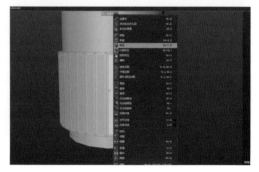

图3-22

图 3-23

（9）在模型模式下，选择"圆柱1"，按住 Alt 键，点击细分曲面，如图 3-24 所示，隐藏"圆柱"，独显"圆柱1"，如图 3-25 所示。在边模式下，选择对象"圆柱1"，点击鼠标右键，选择"循环/路径切割"，在模型"圆柱1"的顶端、中间、底端各切割一条循环边，如图 3-26 所示，将"圆柱"显示出来，如图 3-27 所示。

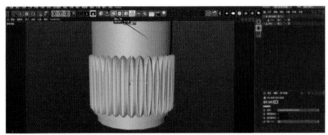

图 3-24

图 3-25

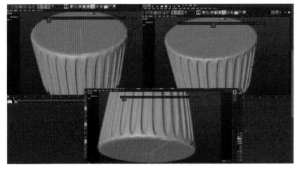

图 3-26

图 3-27

（10）在边模式下，点选圆柱再点击鼠标右键，选择"循环/路径切割"，对模型"圆柱"进行卡线，如图 3-28 至图 3-31 所示。

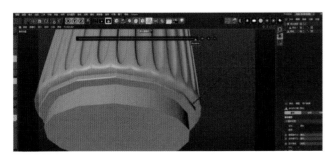

图 3-28

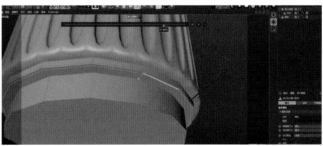

图 3-29

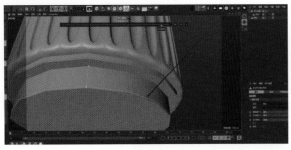

图 3-30

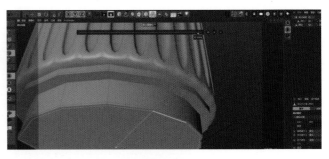

图 3-31

3.2 曲面创建、布线及按钮的建模

（1）在面模式下，使用实时选择工具选择圆柱顶部的所有面，将顶部的面删除，如图 3-32 所示；切换为正视图视角，新建圆柱对象，如图 3-33 所示。将圆柱的旋转分段设置为 16，高度分段设为 2，拖动黄点调整圆柱的大小，如图 3-34 所示。

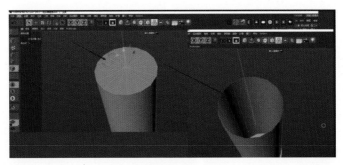

图 3-32

图 3-33

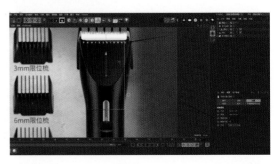

图 3-34

（2）将模型"C掉"并优化，在边模式下，使用循环选择工具，选择循环边，如图 3-35 所示。使用压缩工具，对画面进行调整，如图 3-36、图 3-37 所示。点击鼠标右键，选择滑动工具滑动调整线段的位置，如图 3-38、图 3-39 所示。

（3）在模型模式下，使用移动工具调整物体的位置及大小，如图 3-40 所示；点击鼠标中键，切换视图为四视图，如图 3-41 所示。新建一个立方体对象，将其在 Y 轴方向的尺寸设置为 303 cm，在 Z 轴方向的尺寸设置为 −156 cm，高度设置为 399.814 cm，绕 Y 轴旋转 −24°，点击"应用"按钮，如图 3-42 所示。

图 3-35

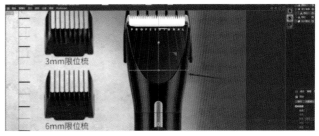

图 3-36

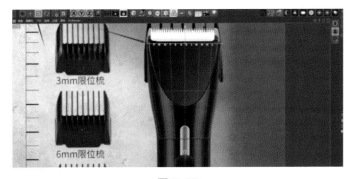

图 3-37

图 3-38

图 3-39

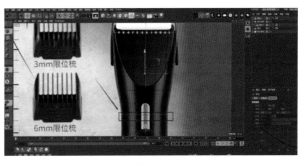

图 3-40

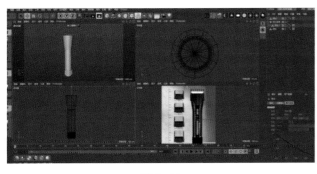

图 3-41

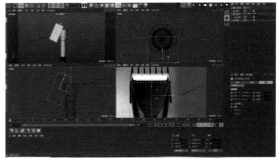

图 3-42

（4）切换视图到右视图，复制一个立方体，将立方体的 Y 轴方向的尺寸设置为 339 cm 左右，Z 轴方向的尺寸设置为 145 cm 左右，绕 Y 轴旋转 24°，拖动黄点，调整立方体的大小，如图 3-43 所示；选中两个立方体，按快捷键 Alt+G 建立组，如图 3-44 所示。添加布尔效果，如图 3-45 所示，将"圆柱 1"与"空白"组放置在布尔效果组里，如图 3-46 所示。

【注："圆柱 1"放在"空白"组的上面。】

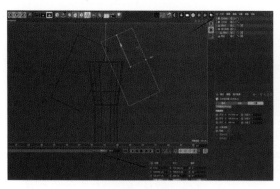

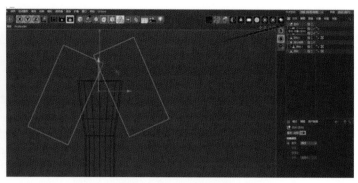

图 3-43　　　　　　　　　　　　　　　　　图 3-44

图 3-45

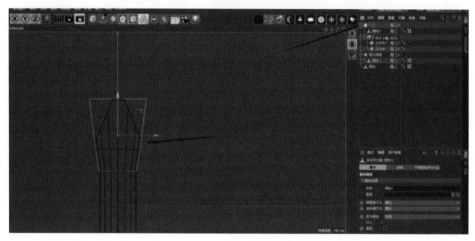

图 3-46

（5）切换到透视图，点击"显示"，选择"光影着色（线条）"，如图 3-47 所示。备份"布尔"组，命名为"布尔备份"，并隐藏"布尔备份"组，如图 3-48 所示。按住鼠标中键，选择"布尔"组，点击鼠标右键选择"连接对象＋删除"，如图 3-49 所示，将"布尔"组"C 掉"并优化（U）。独显"布尔"组的模型，在面模式下，选择底部的面并删除，如图 3-50 所示。

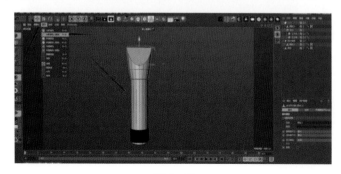

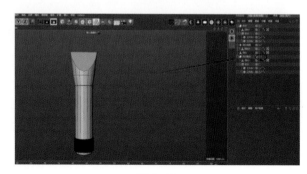

图 3-47　　　　　　　　　　　　　　　　　图 3-48

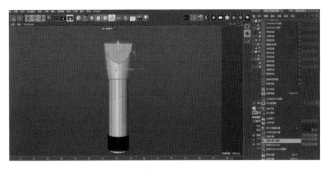

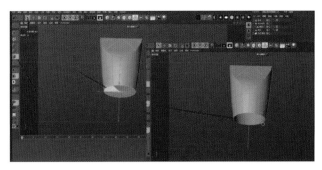

图 3-49　　　　　　　　　　　　　　　　　　　　图 3-50

（6）在优化完成后，平面的线是杂乱的，此时需要对模型进行布线。在边模式下，选择顶部多余的边，点击鼠标右键选择"消除"，如图 3-51 所示；保留正中间的一条直线，如图 3-52 所示；切换到正视图，在点模式下，使用框选工具，调节点的位置，如图 3-53、图 3-54 所示。切换为四视图，在面模式下选择顶部的面，使用压缩工具对画面进行调整，如图 3-55 所示。

（7）在模型上能够直观地看到一些浅蓝色的线条，如图 3-56 所示，接下来，使用线性切割工具对这些线条进行连接处理（快捷键为 M+K），如图 3-57 所示，正面和背面的线条都需要进行连接，如图 3-58 所示。继续使用线性切割工具将所有的线连接为一个循环边，如图 3-59、图 3-60 所示。

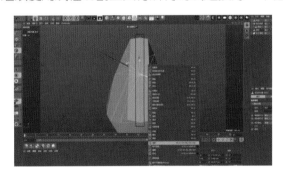

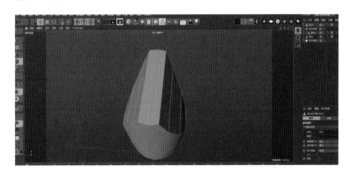

图 3-51　　　　　　　　　　　　　　　　　　　　图 3-52

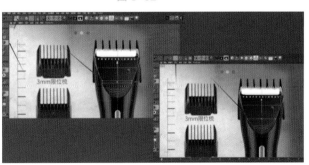

图 3-53　　　　　　　　　　　　　　　　　　　　图 3-54

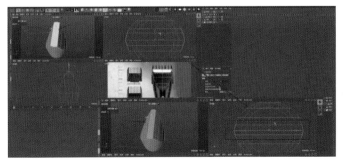

图 3-55　　　　　　　　　　　　　　　　　　　　图 3-56

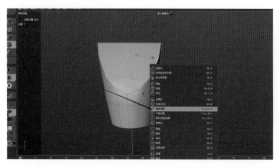

图 3-57

图 3-58

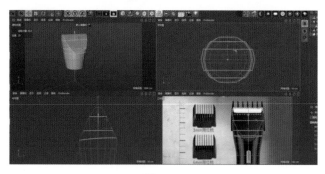

图 3-59

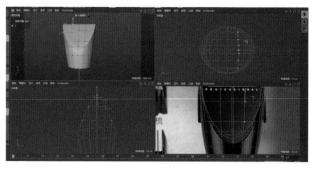

图 3-60

（8）将所有的模型都显示出来，将"圆柱"组与"布尔"组放在一起，如图 3-61 所示。选择"布尔"组与"圆柱"组，点击鼠标右键选择"连接对象 + 删除"，如图 3-62 所示，并将其命名为"主体模型"，此时需对两个模型之间的裂缝进行缝合，如图 3-63 所示。在点模式下，点击鼠标右键，选择"焊接"，如图 3-64 所示，将所有的点进行焊接。效果如图 3-65 所示。

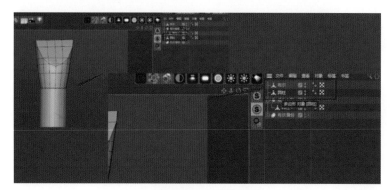

图 3-61

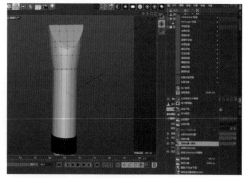

图 3-62

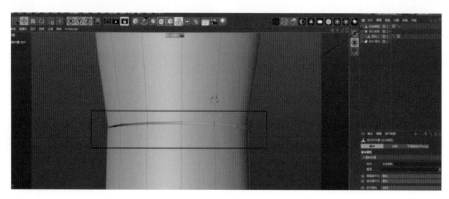

图 3-63

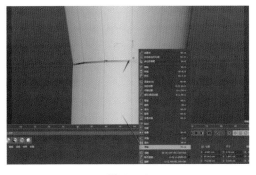
图 3-64

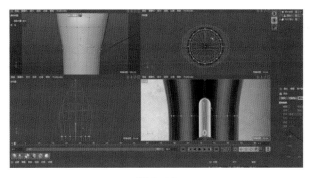
图 3-65

（9）在图片上可以看到理发器的曲面是一个有轮廓的倒角面，使用线性切割工具沿曲面给模型卡一条边，如图 3-66、图 3-67 所示；将左、右两个侧面多余的线条按住 Shift 键选中，点击鼠标右键，点击"消除"，如图 3-68、图 3-69 所示。在点模式下，使用焊接工具对线条进行下一层级的布线，如图 3-70、图 3-71 所示；使用线性切割工具，将左、右侧面的 N-gon 线连接上，如图 3-72、图 3-73 所示。选择"主体模型"组，按住 Alt 键点击"细分曲面"查看效果，如图 3-74 所示。

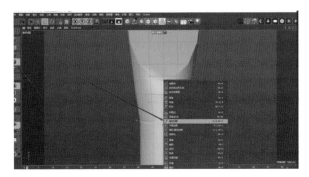
图 3-66

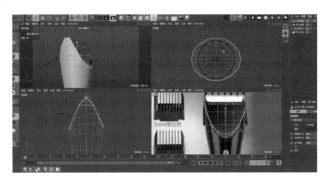
图 3-67

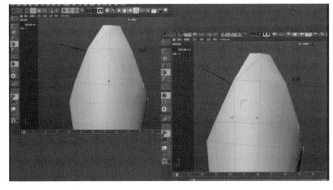
图 3-68

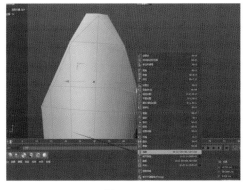
图 3-69

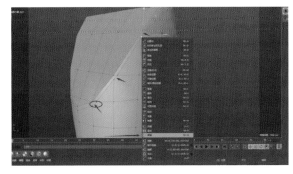
图 3-70

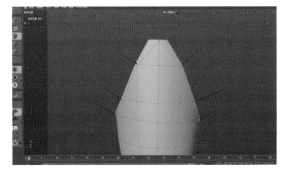
图 3-71

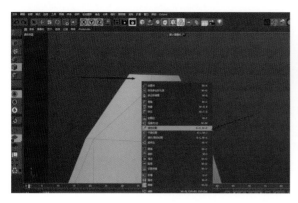
图 3-72

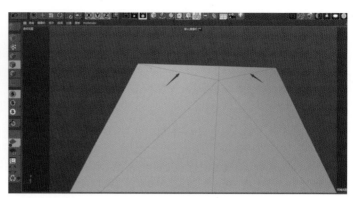
图 3-73

图 3-74

（10）关闭细分曲面效果，在面模式下，使用实时选择工具选择曲面，点击鼠标右键，选择"内部挤压"，勾选"保持群组"，偏移量设为 3 cm，如图 3-75 所示；再点击鼠标右键，选择挤压工具，向上挤压两次，第一次偏移量设为 2.8 cm，第二次偏移量设为 2.1 cm，效果如图 3-76 所示。此时，可以观察到顶部的面之间的距离有点大。选择顶部的面，使用压缩工具进行调整，如图 3-77 所示。在边模式下，循环选择边后，打开右视图，使用压缩工具对模式进行细微调整，如图 3-78 所示。打开细分曲面显示，效果如图 3-79 所示。

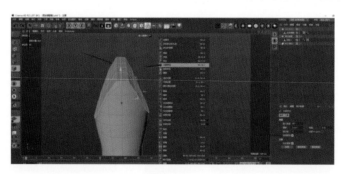
图 3-75

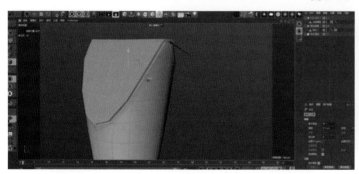
图 3-76

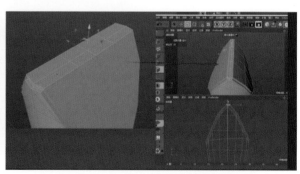
图 3-77

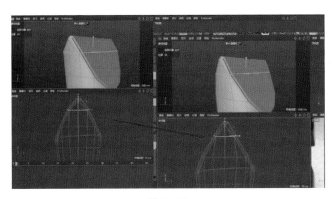
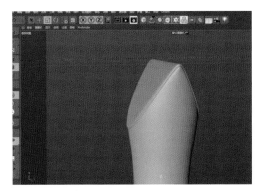

图 3-78   图 3-79

（11）切换到正视图，将细分曲面效果显示关闭。在点编辑模式下，使用循环/路径切割工具，对模型的手柄处进行切割分段，如图 3-80 所示。在面模式下，选择手柄处的六个面，如图 3-81 所示，点击鼠标右键，选择"内部挤压"，偏移量设为 8 cm，选择挤压工具，向内挤压两次，第一次偏移量设为 -2.1 cm，第二次偏移量设为 -1.3 cm；再次选择向内挤压工具，偏移量设为 1 cm，选择挤压工具，向外挤压，偏移量设为 4.08 cm，如图 3-82 所示。点击鼠标右键，对按钮模型进行卡边，如图 3-83、图 3-84 所示。

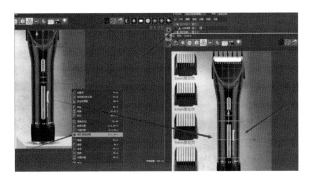

图 3-80   图 3-81

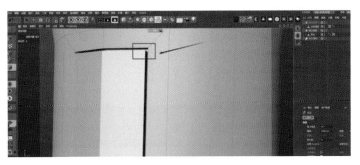

图 3-82

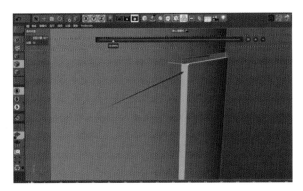
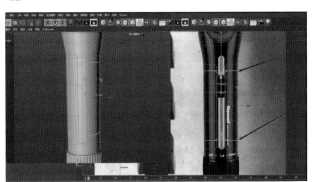

图 3-83   图 3-84

（12）将所有模型隐藏，新建立方体制作按钮，如图 3-85 所示。将立方体的 X 轴分段参数设置为 3，Y 轴分段参数设置为 4，在正视图中，拖动黄点调整立方体的大小，在顶视图中，拖动 Z 轴方向的黄点，调整立方体的厚度，如图 3-86 所示。将模型"C 掉"并优化（U），调整四个角点的位置，使其成为一个半圆角，如图 3-87 所示。使用循环 / 路径切割工具，给模型添加边，如图 3-88 所示；使用滑动工具，调整线段的位置，如图 3-89 所示。在点模式下，调整点的位置，制作圆滑按钮，如图 3-90 所示。

图 3-85

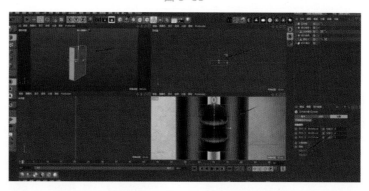

图 3-86

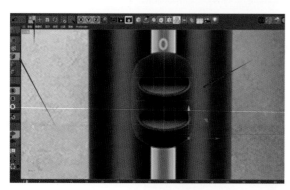

图 3-87

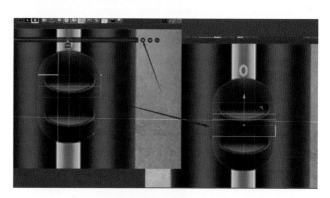

图 3-88

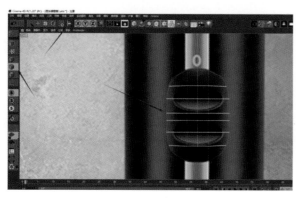

图 3-89

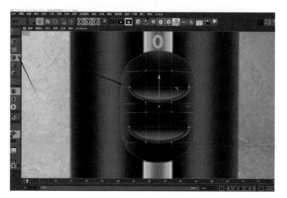

图 3-90

（13）在面模式下，选择按钮中间的面，如图 3-91 所示；点击鼠标右键选择"挤压"，偏移量设为 -1.31cm；选择内部挤压工具，偏移量设为 0.84cm；之后选择挤压工具，向外挤压两次，第一次偏移量设为 1.25cm，第二次偏移量设为 0.46cm；再选择向内挤压，偏移量设为 0.68cm。效果如图 3-92 所示。

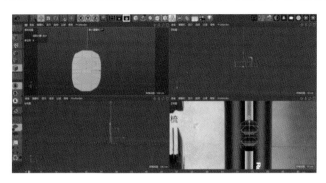

图 3-91

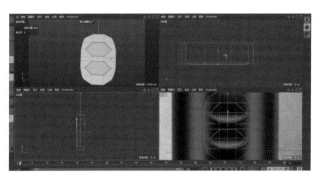

图 3-92

（14）对按钮进行布线和卡边。使用线性切割工具，对按钮的四个角落进行布线，如图 3-93 所示；在模型的两侧，使用循环/路径切割工具，卡两条边，如图 3-94 所示；使用线性切割工具，在模型的正面和侧面分别切割一条循环边，如图 3-95 所示，按住 Alt 键点击"细分曲面"可查看效果。

（15）在点模式下，对模型进行进一步的调整，如图 3-96 所示。将模型命名为"按钮"并把所有的模型显示出来，调整按钮的位置，沿 Y 轴方向移动 -44cm，沿 Z 轴方向移动 -63cm，如图 3-97 所示。将"按钮"备份并将备份显示关闭。将"按钮"组转换为可编辑对象（点击鼠标右键，选择"连接对象+删除"），如图 3-98 所示。

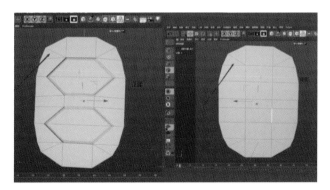

图 3-93

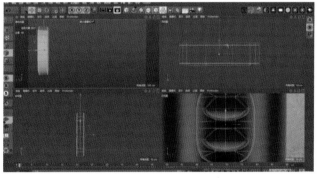

图 3-94

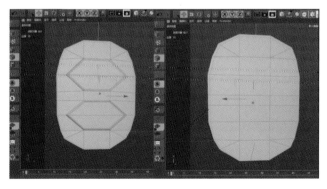

图 3-95

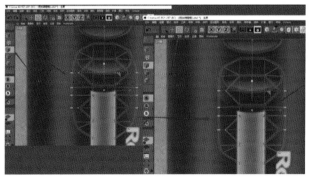

图 3-96

（16）给按钮添加一个"包裹"特效，令"包裹"特效成为"按钮"的子集，并设置包裹特效的宽度为 359cm，高度为 108cm，半径为 58cm，缩放 Z 为 96%，张力为 87%，如图 3-99 所示。

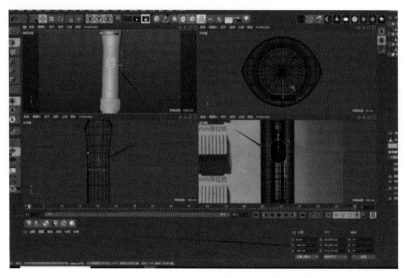

图 3-97

图 3-98

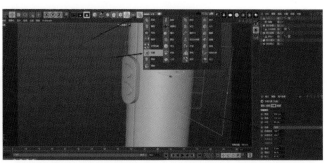

图 3-99

（17）进行装饰点缀的制作。新建一个圆环样条，使用缩放工具将圆环缩小（可参照设置 X 轴方向的尺寸为 11.636cm，Y 轴方向的尺寸为 16.072cm，Z 轴方向的尺寸为 0），沿 X 轴移动 -2.5cm，沿 Y 轴移动 45cm，沿 Z 轴移动 -68cm；勾选"椭圆"属性，X 轴方向的半径设为 5.818cm，Z 轴方向的半径设为 80.36cm，如图 3-100 所示。再新建一个圆环，半径设为 0.8cm，添加"扫描"效果，将"圆环"和"圆环 1"放到"扫描"组的子集里，如图 3-101 所示。

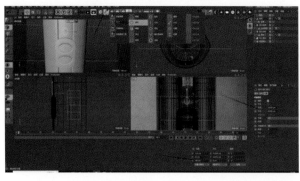

图 3-100

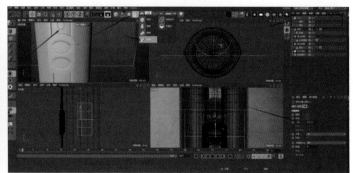

图 3-101

（18）新建一个矩形样条，使用压缩工具将其缩小（可参照：X 轴方向的尺寸设为 15cm，Y 轴方向的尺寸设为 32cm），将其宽度设置为 15cm，高度设置为 32cm，并将"圆角"属性打开，半径设置为 5cm，沿 X 轴移动 -1.4cm，沿 Y 轴移动 -123cm，沿 Z 轴移动 -47.5cm，如图 3-102 所示；添加"挤压"效果，将矩形放在"挤压"组的子集里，沿 Z 轴移动 7cm，如图 3-103 所示。

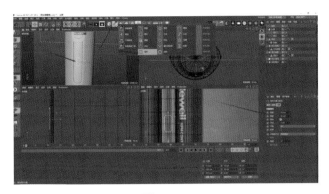

图 3-102

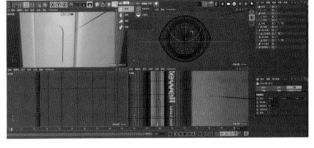

图 3-103

3.3　齿和挖空建模

（1）新建一个立方体，并命名为"前齿"，拖动黄点调整立方体的大小（缩放参数可参考："X"设为187.773 cm；"Y"设为6.156 cm；"Z"设为3.759 cm），使用移动工具调整立方体的位置（位置参数可参考：X轴设为 −2.679 cm；Y轴设为373.753 cm；Z轴设为1.841 cm），并将立方体X轴方向的分段设置为30，如图3-104所示，将模型转为可编辑对象（"C掉"）并优化（U）。

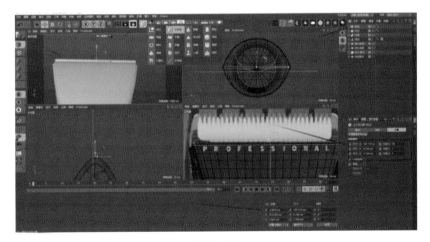

图 3-104

（2）在边模式下，选择对应按钮一边的边，使用移动工具向上拉伸，"Y"设为4.511 cm，如图3-105所示。在面模式下，使用实时选择工具，选择立方体顶部的面，选择内部挤压工具，向内挤压，取消勾选"群组"，偏移量设为0.7 cm，如图3-106所示；切换为挤压工具，向外挤出，偏移量设为20.8 cm，此时可以发现挤压的面倾斜较严重；使用移动工具，沿Z轴移动2.036 cm，如图3-107所示。点击鼠标右键，选择"沿法线缩放"，缩放参数设为51.8%，如图3-108所示。

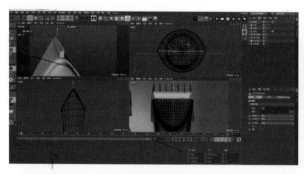
图 3-105

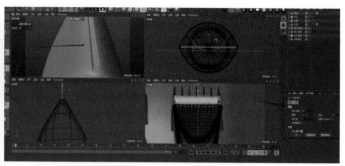
图 3-106

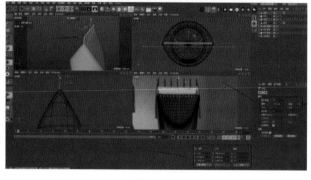
图 3-107

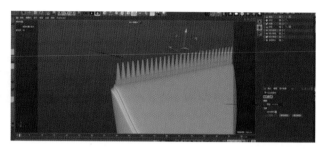
图 3-108

（3）独显"前齿"模型，使用循环/路径切割工具对模型进行卡边，如图3-109所示，按住Alt键点击"细分曲面"查看效果，如图3-110所示，将所有的模型显示出来。

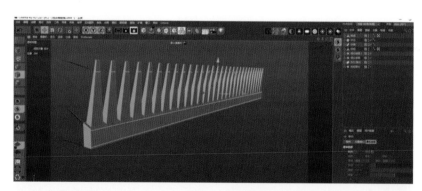
图 3-109

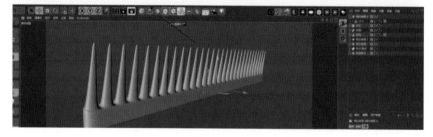
图 3-110

（4）关闭"主体模型"的曲面效果，使用实时选择工具选择主体模型背面的曲面，点击鼠标右键，选择"内部挤压"，勾选"保持群组"，设置向内偏移2.8cm，如图3-111所示；点击鼠标右键，选择"分裂"属性，将面分离出来，并命名为"背面盖子"，如图3-112、图3-113所示；将刚分裂出来的面隐藏，在面模式下，选择主体，删除背部的面，如图3-114所示。

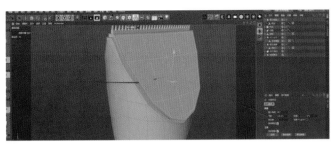
图 3-111

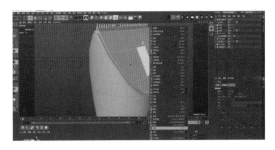
图 3-112

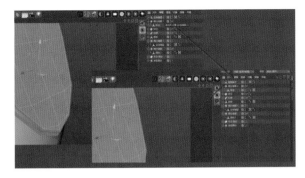
图 3-113

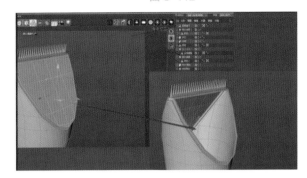
图 3-114

（5）使用边选择工具，选择周围的边，再使用压缩工具，拉伸画面，如图 3-115 所示。选择顶端左、右两个点，切换到右视图，使用移动工具调整画面，如图 3-116 所示。使用面选择工具，选择曲面周围的面，使用分裂工具将面分裂出来，将其命名为"分裂面"，如图 3-117 所示。再将分裂出来的面沿 Z 轴移动，Z 轴方向的位移设为 57.491 cm，如图 3-118 所示。在点模式下，选择曲面底部的三个点，使用移动工具，向上拉伸，再使用压缩工具，将三个点移至同一水平线上（位移参数可参考：X 轴设为 −0.73 cm；Y 轴设为 250.946 cm；Z 轴设为 76.475 cm。缩放参数可参考：X 轴设为 50.349 cm；Y 轴设为 0.639 cm；Z 轴设为 0.021 cm），如图 3-119 所示。

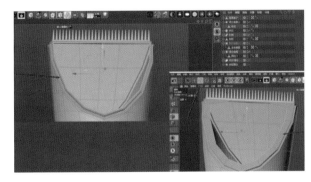
图 3-115

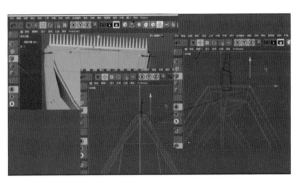
图 3-116

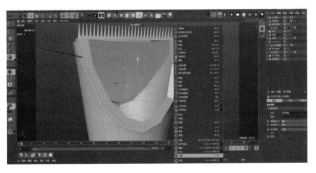
图 3-117

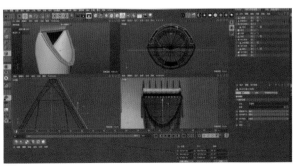
图 3-118

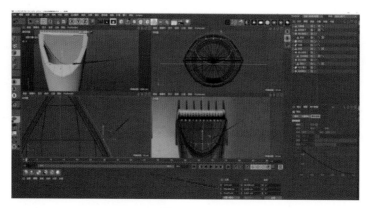

图 3-119

（6）使用面选择工具，选择"分裂面"的所有面，并使用挤压工具对其进行三次挤压，如图 3-120 所示，第一次挤压偏移 3.8 cm，第二次挤压偏移 7.8 cm，第三次挤压偏移 3.8 cm。接下来，选择循环 / 路径切割工具对此模型进行卡边，如图 3-121 至图 3-123 所示，选择中间的面并将其删除，如图 3-124 所示。

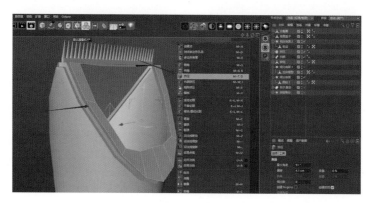

图 3-120

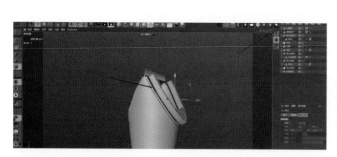

图 3-121

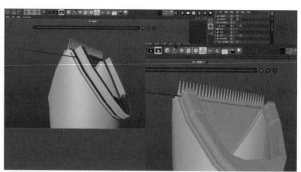

图 3-122

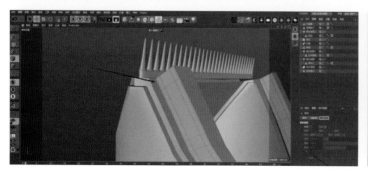

图 3-123

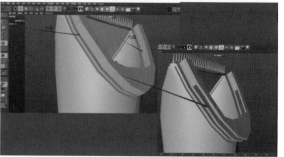

图 3-124

（7）将面删除后，需封闭模型的孔洞。在边编辑模式下，点击鼠标右键，选择"桥接"，如图 3-125 所示，选择一条边，往另一条边方向拖动，将其连接起来，使模型中的孔洞封闭，如图 3-126 所示，并按住 Alt 键添加细分曲面效果。在模型模式下，选择"分裂面"组，在工具栏中点击"样条"，选择"轴心"，点击"轴居中到对象"，如图 3-127 所示，使用压缩工具将其放大（缩放参数可参照：X 轴设为 192.358 cm，Y 轴设为 149.627 cm，Z 轴设为 93.777 cm），使用移动工具调整模型的位置（位移参数可参照：X 轴设为 –0.731 cm，Y 轴设为 284.192 cm，Z 轴设为 69.318 cm），如图 3-128 所示。

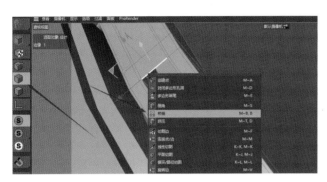

图 3-125

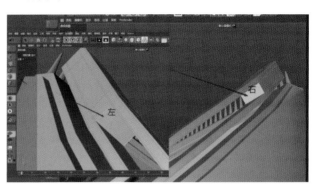

图 3-126

图 3-127

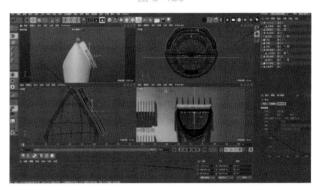

图 3-128

（8）将"背面盖子"组显示出来，使用移动工具，沿 Z 轴移动 64.857 cm，如图 3-129 所示。在面编辑模式下，使用挤压工具，将其向外挤压，偏移量设为 13.1 cm，将轴居中到对象，再使用压缩工具和移动工具调整其位置（压缩参数参考：X 轴设为 186.584 cm，Y 轴设为 148.262 cm，Z 轴设为 84.93 cm。位移参数：X 轴设为 –2.603 cm，Y 轴设为 310.569 cm，Z 轴设为 65.437 cm），如图 3-130 所示。

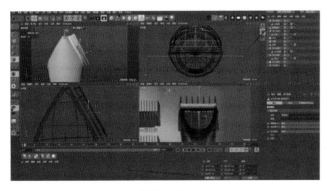

图 3-129

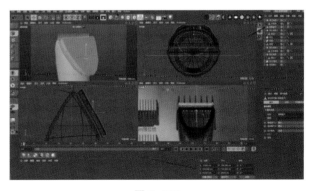

图 3-130

（9）独显"背面盖子"组，使用循环 / 路径切割工具对其进行卡边，并添加细分曲面效果，显示所有图层，如图 3-131、图 3-132 所示。

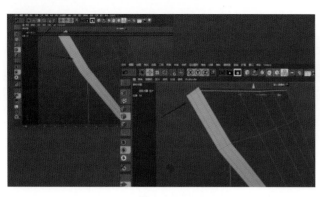

图 3-131

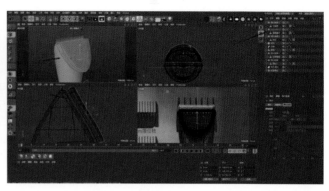

图 3-132

（10）新建立方体，将其命名为"后齿"，绕 Y 轴旋转 28.059°。立方体的尺寸大小设置为：X 轴，182.368 cm；Y 轴，9.331 cm；Z 轴，11.091 cm。使用移动工具调整立方体的位置，移动参数可参考：X 轴，-1.573 cm；Y 轴，381.523 cm；Z 轴，24.179 cm。将立方体 X 轴的分段数设置为 24，如图 3-133 所示，将其转化为可编辑对象并优化，使用循环/路径选择工具，循环选择左、右两端的线段，点击"消除"，如图 3-134 所示；对于顶部的面，使用内部挤压工具进行挤压，取消勾选"群组"，偏移量设为 1.1 cm，再使用挤压工具，使其向外挤出，偏移量设为 24.7 cm，如图 3-135 所示；按住 Ctrl 键，将左、右两端最边上的一个面取消选择，点击鼠标右键，选择"沿法线缩放"，对剩下的面进行压缩，缩放度为 63%，如图 3-136 所示，使用压缩工具沿 Z 轴压缩 50%，Z 轴压缩参考参数为 3.259 cm。

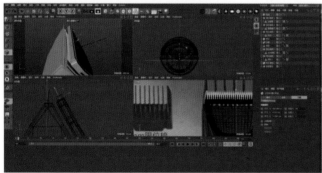

图 3-133

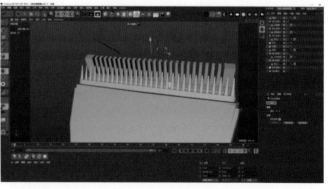

图 3-134

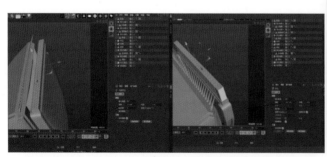

图 3-135

图 3-136

（11）在模型编辑模式下，使用缩放工具将"后齿"模型整体放大，缩放参数为：X 轴，189.249 cm；Y 轴，35.112 cm；Z 轴，11.552 cm。在边编辑模式下使用循环/路径切割工具对模型进行卡边，之后选择左、右两侧的线段，使用移动工具，将其往下移动，如图 3-137 所示，按住 Alt 键为其添加细分曲面效果，如图 3-138

所示；新建球体模型，给模型的背部与前身搭建骨架，将球体整体缩放参数设为9.643cm，调整球体的位置，位移参数设置如下。

"球体"：X轴，80.584cm；Y轴，345.815cm；Z轴，28.458cm。

"球体1"：X轴，86.644cm；Y轴，345.815cm；Z轴，28.458cm。

"球体2"：X轴，−74.439cm；Y轴，311.453cm；Z轴，48.993cm。

"球体3"：X轴，69.861cm；Y轴，311.453cm；Z轴，49.284cm。

"球体4"：X轴，52.115cm；Y轴，281.32cm；Z轴，67.471cm。

"球体5"：X轴，−58.03cm；Y轴，281.32cm；Z轴，66.754cm。

"球体6"：X轴，6.834cm；Y轴，247.148cm；Z轴，85.345cm。

效果如图3-139所示。

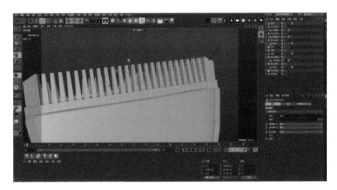

图3-137

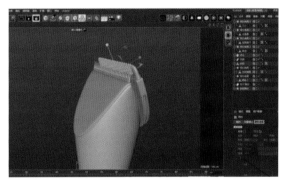

图3-138

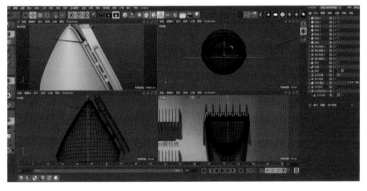

图3-139

3.4　展 UV 及场景搭建

（1）将"主体模型"组进行备份，并命名为"主体模型备份"，将之前的备份全部放置在一个组里，命名为"备份"，如图3-140所示；将主体模型转为可编辑对象，将模型下的装饰"圆柱1"隐藏，使用循环工具选择按钮下的边和恰好被底部装饰遮挡的一条边，如图3-141、图3-142所示。

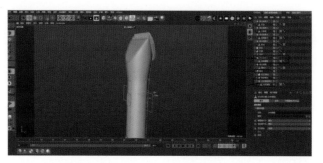

图 3-140

图 3-141

图 3-142

（2）在工具栏中启用填充选择工具，选择图3-143所示的区域；在C4D界面的最右边，找到"界面"，选择"BP-UV Edit"（此处展UV所展示的面只是模型的手柄处），如图3-144、图3-145所示；选择UV多边形工具，点击移动工具，在展UV界面双击可选中展UV的面，将所有的面全部移出框外，将填充的面放在UV框的底部，如图3-146所示；将所有的面全部移至UV框里，如图3-147所示；在展UV视图的工具栏中，点击"文件"选择"新建纹理"，将宽度和高度均设置为2000像素，如图3-148所示；选中需要展UV的地方，在展UV面板下，选择"图层"，新建一个图层，如图3-149所示。

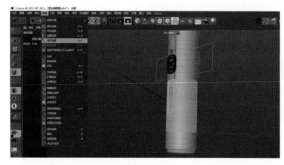

图 3-143

图 3-144

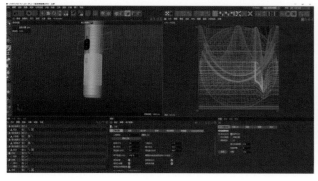

图 3-145

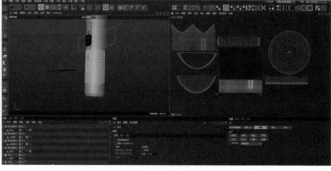

图 3-146

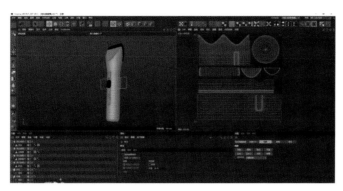

图 3-147

图 3-148

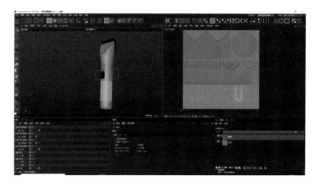

图 3-149

（3）在纹理 UV 编辑器的面板工具栏中，点击"图层"选择"描边多边形"，如图 3-150 所示，选择需要展 UV 的面。在此模型中，由模型图可观察到，该模型只有数字部分需要贴图赋予材质，其他部分可直接贴材质球赋予材质。在"描边多边形"的选择下，我们可以在刚新建的图层中看到我们选择的面，如图 3-151 所示，在 UV 编辑器面板中，选择"另存纹理为"，之后选择 PSD 格式，如图 3-152 所示，点击"确定"按钮，选择存放在电脑中的位置即可。

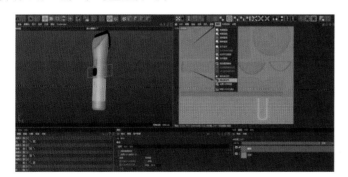

图 3-150

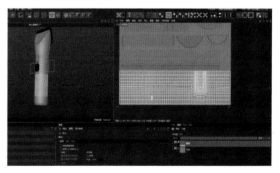

图 3-151

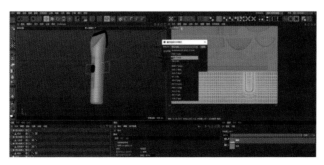

图 3-152

（4）打开 Photoshop 软件，将 PSD 文件导入其中，沿展 UV 边添加需要的文字，如图 3-153 所示。将背景图层和 UV 描边图层关闭并导出为 PNG 格式，如图 3-154 所示，保存到需要的位置。

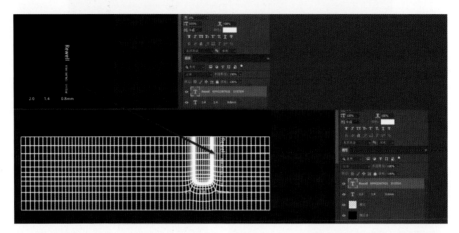

图 3-153

图 3-154

（5）在 C4D 界面关闭展 UV 界面，将需要贴图的部分重新填充选择，之后点击菜单栏中的"选择"，选择"设置选集"，如图 3-155 所示，将所有的模型显示出来，按快捷键 Alt+G 给模型建立一个组，并命名为"理发器"，如图 3-156 所示。

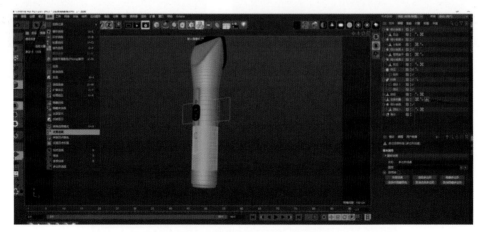

图 3-155

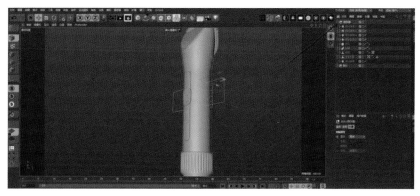

图 3-156

（6）新建一个立方体，拖动黄点调整立方体的大小，打开圆角属性，圆角半径设置为 5 cm，并将立方体复制三个。位置参数和缩放参数可参照如下。

对于"立方体"，位置参考参数：X 轴，295.057 cm；Y 轴，–393.026 cm；Z 轴，0 cm。其缩放参考参数：X 轴，982.619 cm；Y 轴，30.996 cm；Z 轴，2596.297 cm。

对于"立方体 1"，位置参考参数：X 轴，–695.262 cm；Y 轴，–378.429 cm；Z 轴，0 cm。其缩放参考参数：X 轴，982.619 cm；Y 轴，82.402 cm；Z 轴，2596.297 cm。

对于"立方体 2"，位置参考参数：X 轴，–906.434 cm；Y 轴，–331.058 cm；Z 轴，634.565 cm。其缩放参考参数：X 轴，753.221 cm；Y 轴，7.337 cm；Z 轴，1997.583 cm。

对于"立方体 3"，位置参考参数：X 轴，698.93 cm；Y 轴，72.875 cm；Z 轴，–784.795 cm。其缩放参考参数：X 轴，753.221 cm；Y 轴，7.337 cm；Z 轴，1997.583 cm。

将理发器模型复制一个，然后将"理发器"模型放置在刚搭建的场景上，位置参数和旋转参数可参照如下。

对于"理发器"，位置参考参数：X 轴，–19.758 cm；Y 轴，–292.498 cm；Z 轴，85.831 cm。其缩放参考参数：X 轴，0；Y 轴，–86.114°；Z 轴，0。

对于"理发器 1"，位置参考参数：X 轴，–331.953 cm；Y 轴，–257.127 cm；Z 轴，–255.368 cm。其缩放参考参数：X 轴，0；Y 轴，–93.162°；Z 轴，–180°。

设置后效果如图 3-157 所示。按 Alt+G 键给搭建的场景建立一个组并命名为"背景"。最终效果如图 3-158 所示。

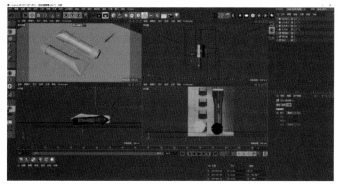

图 3-157

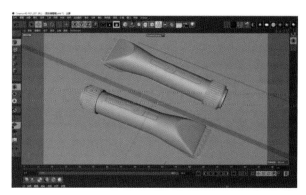

图 3-158

Cinema 4D Shili Sheji yu Zhizuo

第四章

电商海报字体案例

当今社会，电商行业快速崛起，其崛起也带动了其他行业的发展，如作为其产品宣传推广方式的海报设计行业就得到了快速发展。我们在日常生活中常常会看到很多电商海报，它们制作得非常精美，常摆脱传统平面设计的束缚而融入一些具有科技感的三维效果，给人们带来一场震撼的视觉盛宴。本章我们主要学习如何使用C4D制作一张电商海报——天猫"双11"五折活动海报（见图4-1）中采用的三维字体。

图 4-1

<h2 style="text-align:center">4.1　基础场景创建</h2>

（1）点击菜单栏"文件"→"新建项目"，如图4-2所示。

新项目的命名是在保存项目时进行的。执行图4-3所示的"文件"→"保存项目"命令，会弹出"另存为"对话框。如图4-4所示，在对话框中选择项目文件保存的目录，输入项目文件名"双11五折活动海报"，文件类型使用默认类型（本项目文件使用文件扩展名.c4d），单击"保存"按钮后将在指定的目录中生成名为"双11五折活动海报.c4d"的项目工程文件。

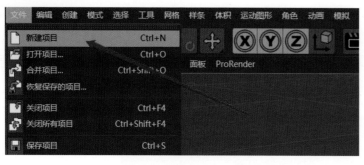 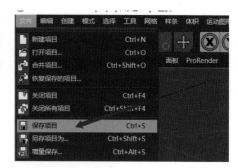

图 4-2　　　　　　　　　　　　　　　　图 4-3

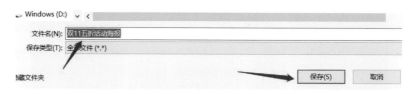

图 4-4

（2）点击鼠标中键，切换为图 4-5 所示的四视图。选择右视图，再次点击鼠标中键，在工具栏中长按"样条画笔"工具按钮，如图 4-6 所示，用样条画笔工具画出图 4-7 所示形状的线条。

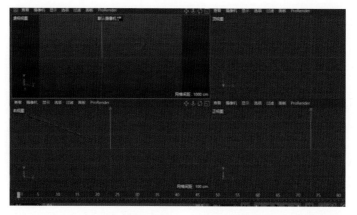

图 4-5

图 4-6　　　　　　　　　　　　　　　　图 4-7

选中所画的线条，按住 Alt 键，点击图 4-8 所示的"挤压"，再把宽度调到合适的大小，如图 4-9 所示。创建立方体，调整其大小和位置，如图 4-10 所示，打开"显示"里的"光影着色（线条）"便于观察形状的大小和位置。复制出一个立方体并绕 Y 轴旋转 90°，如图 4-11 所示。再复制 4 个立方体，形状、大小、位置如图 4-12 所示。在此过程中不断调整立方体和背景的大小、比例。选中这 9 个立方体，把圆角细分数调为 5，如图 4-13 所示。

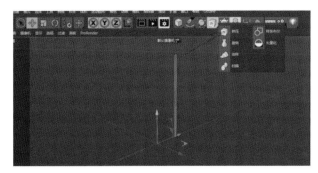

图 4-8

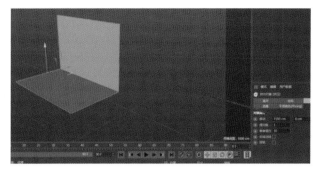

图 4-9

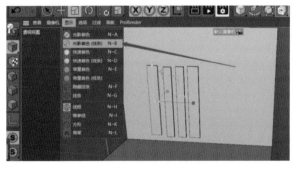

图 4-10

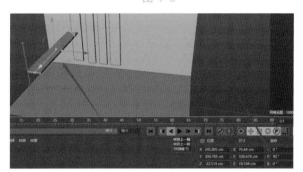

图 4-11

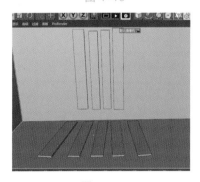

图 4-12

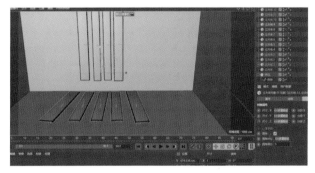

图 4-13

（3）创建一个圆环和一个矩形，如图 4-14 所示。选中这两个图形，在内容面板点击鼠标右键，选择"连接对象 + 删除"，如图 4-15 所示。创建挤压效果，再把"圆环"拖曳到"挤压 1"下面，"挤压 1"在"立方体"的上面，如图 4-16 所示。调整挤压的数值，使其形状如图 4-17 所示。把生成的这个物体转变为可编辑对象。选择使用定点模式，点击鼠标右键进行优化，建立一个图 4-18 所示的长方体插在该物体的中间。新建一个"布尔"组，把"挤压"和"立方体"拖到"布尔"下面，如图 4-19 所示。选中整体，将整体转换为可编辑对象，再右击右边内容面板里的"布尔"，选择"连接对象 + 删除"，如图 4-20 所示。然后将物体移动到图 4-21 所示的位置并调整到合适的大小。

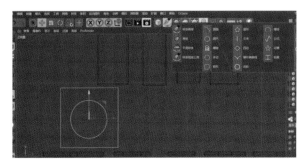

图 4-14

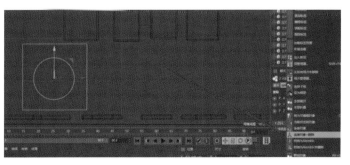

图 4-15

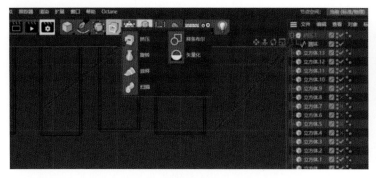

图4-16

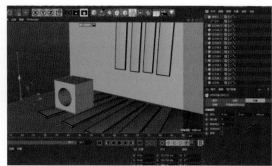

图4-17

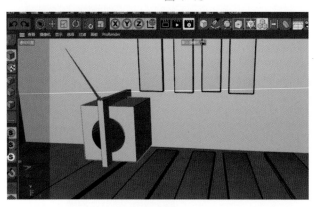

图4-18

图4-19

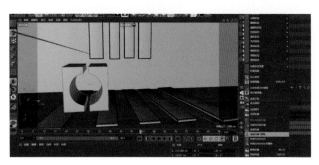

图4-20

图4-21

4.2 "天猫"字体制作

（1）选中背景元素，按快捷键Alt+G打组，如图4-22所示，然后创建一个文本"天"，选择字体为"方正粗黑宋简体"，如图4-23所示。将文本转为可编辑对象，然后命名为"天"，如图4-24所示。在点选择模式下选中图4-25所示的点并删除。通过编辑点的位置，将字体改为图4-26所示的形状。选中"天"执行挤压，将"天"拖曳到"挤压"下面，并适当调整挤压的厚度，如图4-27所示。

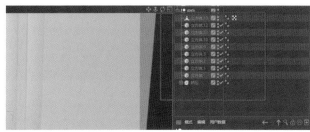

图 4-22

图 4-23

图 4-24

图 4-25

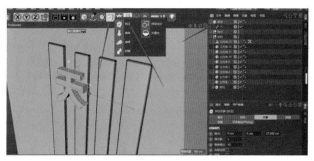

图 4-26

图 4-27

（2）选中"挤压"，然后执行封盖，勾选"起点封盖"和"终点封盖"，"倒角外形"改为"步幅"。尺寸设置为 5 cm，高度为 -1.5 cm，分段为 1，如图 4-28 所示。

（3）复制出一个"天 1"，选中顶点将其缩小到如图 4-29 所示。选中刚刚缩小的这个"天"字的所有顶点，点击鼠标右键执行"倒角"，如图 4-30 所示。倒角后再适当调整点的位置，不够平滑的地方可以按住 Ctrl 键加鼠标左键添加新的点并调整位置。新建一个"圆环"，将半径改为 2 cm，如图 4-31 所示，平面改为"XY"。

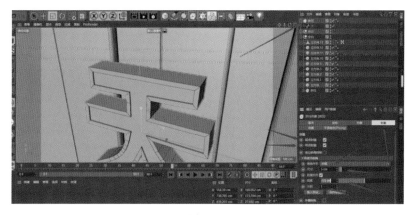

图 4-28

图 4-29　　　　　　　　　　　　　　　图 4-30

（4）创建一个"扫描"，将"圆环"和"天"都拖曳到"扫描"的下面，且"圆环"在"天"的上面，如图4-32所示。选中"天"，点击鼠标中键再点击鼠标右键执行"连接对象＋删除"，如图4-33所示。在点选择模式下选中"天"再点击鼠标右键执行"优化"，如图4-34所示。

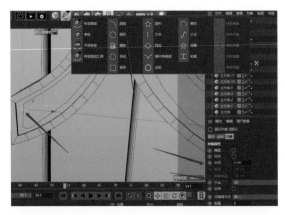

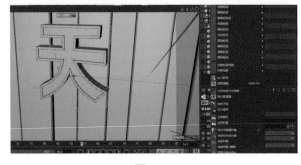

图 4-31　　　　　　　　　　　　　　　图 4-32

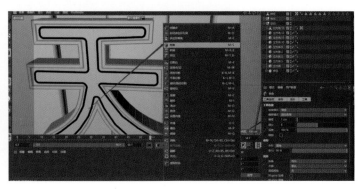

图 4-33　　　　　　　　　　　　　　　图 4-34

（5）在边选择模式下，用循环选择工具选中物体的边，然后点击鼠标右键进行倒角，并调整合适的偏移量和细分数，如图4-35、图4-36所示。

图 4-35　　　　　　　　　　　　　　　图 4-36

（6）创建一个"管道"，调整大小、位置和其他参数，如图 4-37 所示。再复制一个管道出来，长度稍微短一点，如图 4-38 所示。

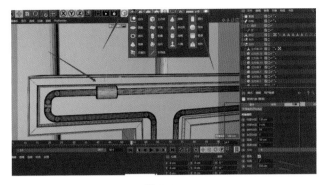

图 4-37

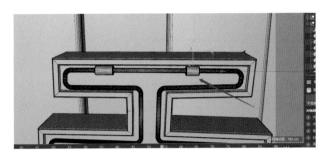

图 4-38

（7）切换到右视图，用钢笔工具画一条图 4-39 所示的弧线。再切换到透视图，把弧线放到图 4-40 所示的位置。创建一个"圆环"，半径设为 1 cm，平面设为"XY"，如图 4-41 所示。创建一个"扫描"，把"圆环"和"样条"都拖曳到"扫描 1"的下面且"圆环"在"样条"的上面，如图 4-42 所示，然后按住 Ctrl 键复制出一个，拖曳到右边的管道上，如图 4-43 所示。

（8）用钢笔工具画一条图 4-44 所示的线条。切换到正视图，创建一个半径为 0.6 cm 的"圆环"，再把平面设置为"XY"，如图 4-45 所示。创建一个"扫描"，然后把"样条"和"圆环"都拖曳到"扫描 3"的下面且"圆环"在"样条"的上面，如图 4-46 所示。从之前创建的"管道"中复制出两个并调整大小，放在图 4-47 所示的位置。

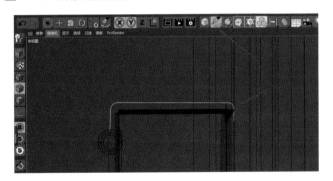

图 4-39

图 4-40

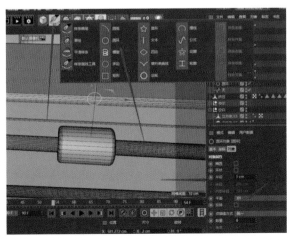

图 4-41

图 4-42

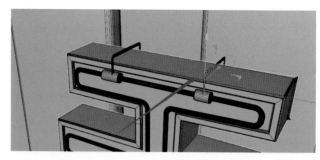

图 4-43

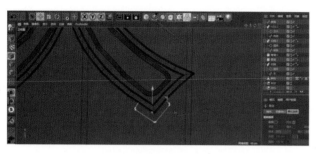

图 4-44

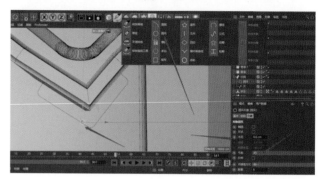

图 4-45

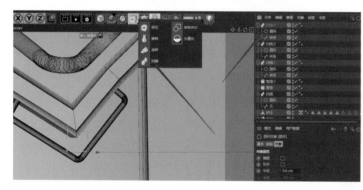

图 4-46

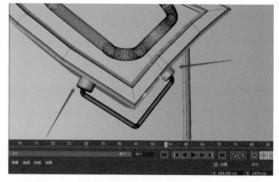

图 4-47

（9）选中"扫描"复制一个出来，再把里面"圆环"的半径改为2.5 cm，如图4-48所示。调整生长参数，使其位置如图4-49所示。再复制一个"扫描"，调整生长参数，使其位置如图4-50所示。选中所有字体的部分，按快捷键Alt+G打组并命名为"天"，如图4-51所示。

（10）新建一个文本"猫"，字体设为"黑体"。将文本转为可编辑模式，在点编辑模式下，移动或删除字体上的点，使其形状如图4-52所示（这里也可以直接用钢笔工具描）。切换为透视图，创建一个"挤压"，把"文本"拖曳到"挤压"的下面，选中"挤压"，调整到适当的偏移参数，如图4-53所示。

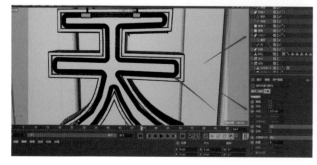

图 4-48

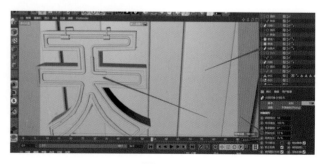

图 4-49

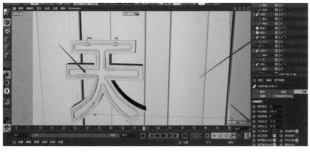

图 4-50

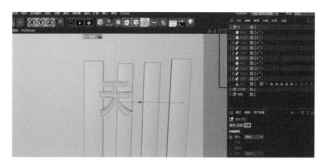

图 4-51

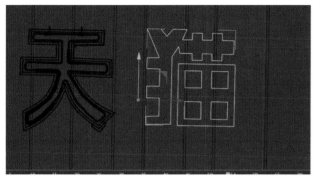

图 4-52

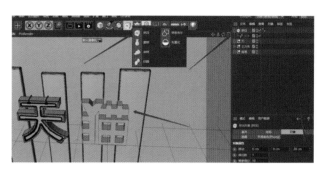

图 4-53

（11）选中"挤压"，点击"封盖"调整参数，如图 4-54 所示。创建一个"立方体 1"，调整大小和位置，如图 4-55 所示。进入正视图，把图 4-56 中标注的点删除，将结构改为图 4-57 所示的样子。

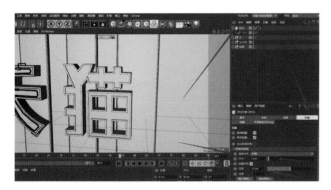

图 4-54

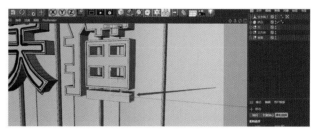

图 4-55

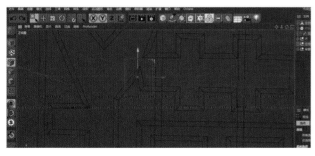

图 4-56

图 4-57

（12）复制出一个文本，然后切换为正视图，将复制出来的这个文本轮廓缩小，如图 4-58 所示。在点选择模式下选中该"文本"，点击鼠标右键执行"倒角"，效果如图 4-59 所示。创建一个半径为 1 cm 的"圆环"，平面设置为"XY"，如图 4-60 所示。再创建一个"扫描"，把"文本"和"圆环"都拖曳到"扫描"的下面且"圆环"在"文本"的上面，如图 4-61 所示。

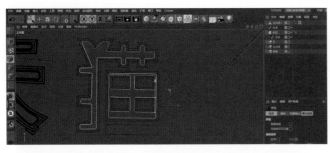

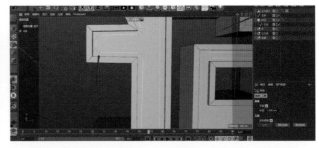

图 4-58 图 4-59

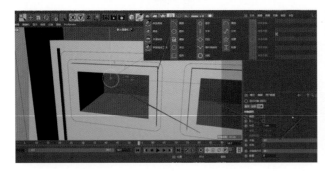

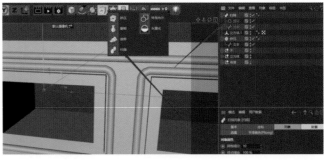

图 4-60 图 4-61

（13）从"天"中复制图4-62所示的小部件为字体"猫"做装饰。复制一个"扫描"并把"扫描1"中的"圆环"半径改为1.8cm，如图4-63所示。再点击"扫描1"，调整生长参数，如图4-64所示。再次复制一个"扫描"，调整生长参数，使其位置如图4-65所示。

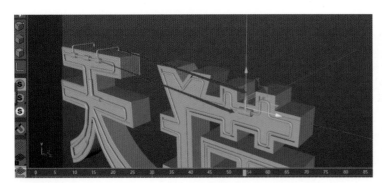

图 4-62

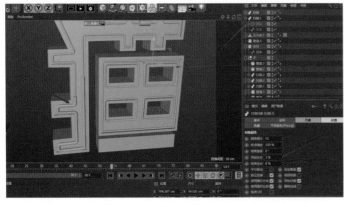

图 4-64 图 4-65

（14）选中两个字体上粗的管道，进行圆角封盖，如图4-66所示。

（15）选中图4-67所示的长方体的面，点击鼠标右键执行"内部挤压"；然后再次点击鼠标右键执行"挤压"，如图 4-68 所示。重复以上操作（先内部挤压再挤压），效果如图 4-69 所示。

图 4-66

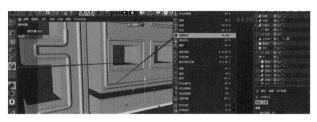

图 4-67

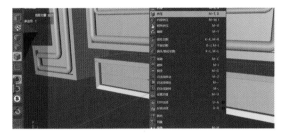

图 4-68

图 4-69

（16）选中图 4-70 所示的物体，然后设为视窗单独显示。在边选择模式下，用循环选择工具选中边缘上的边，点击鼠标右键执行"倒角"，并设置偏移量及细分数，如图 4-71、图 4-72 所示。

（17）新建一个圆柱，调整大小，放在图 4-73 所示的位置。再复制三个圆柱，调整位置和大小，如图 4-74 所示。给三个圆柱添加圆角，如图 4-75 所示。

（18）选中所有与"猫"字体相关的元素，按快捷键 Alt+G 打组并命名为"猫"，如图 4-76 所示。

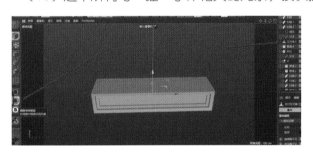

图 4-70

图 4-71

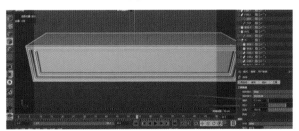

图 4-72

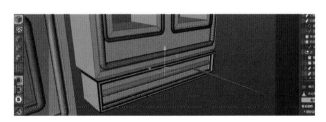

图 4-73

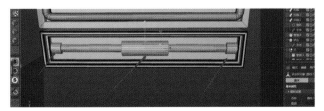

图 4-74

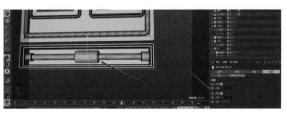

图 4-75

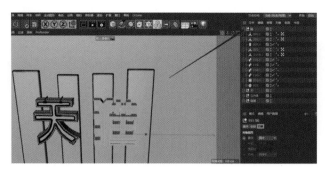

图 4-76

4.3　"11·11"字体制作

（1）新建一个内容为"11"的文本，字体不限，可如图 4-77 所示。把"11"转为可编辑对象，在点编辑模式下用移动工具拖曳字体的顶点，将字体形状改为图 4-78 所示。新建一个"挤压"，将"11"对应的"文本 1"拖曳到"挤压"的下面并适当调整偏移大小，如图 4-79 所示。选中"挤压"然后点击"封盖"，"倒角外形"设为"步幅"，调整到适当的尺寸，勾选"延展外形"，再适当调整高度和分段，如图 4-80 所示。复制一个"文本"，在点编辑模式下选中该"文本 1"，然后点击鼠标右键执行"创建轮廓"，再缩小一点轮廓，如图 4-81 所示。转换到正视图，关闭"挤压"的显示，然后删除"11"的外面一层。效果如图 4-82 所示。

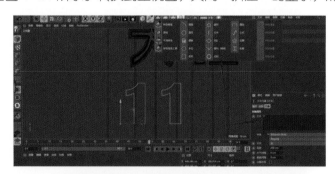

图 4-77

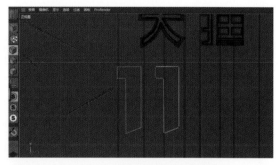

图 4-78

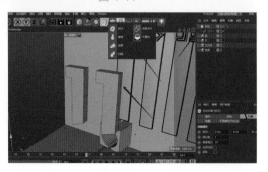

图 4-79

图 4-80

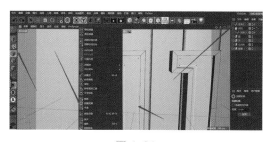
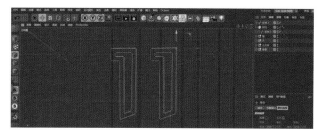

<table>
<tr><td>图 4-81</td><td>图 4-82</td></tr>
</table>

（2）选中"文本1"，在点编辑模式下，点击鼠标右键进行倒角，并适当调整偏移量，如图4-83所示。创建一个"圆环"，半径设为2cm，平面设为"XY"，如图4-84所示。再创建一个"扫描"，把"圆环"和"文本"一起拖曳到"扫描"的下面且"圆环"在"文本"的上面。

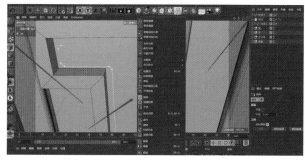
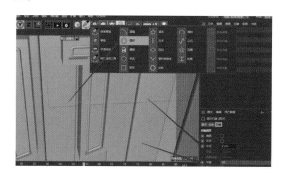

<table>
<tr><td>图 4-83</td><td>图 4-84</td></tr>
</table>

（3）选中"挤压"，点击鼠标中键，再点击鼠标右键执行"连接对象+删除"，然后在点编辑模式下点击鼠标右键执行"优化"。接着在边选择模式下，选中棱上的边，点击鼠标右键进行倒角并适当调整倒角的偏移和细分，如图4-85所示。

（4）选中"挤压"，在点编辑模式下点击鼠标右键执行"循环/路径切割"，切割数量设为13，如图4-86所示。选中图4-87所示的面，进行内部挤压再挤压。在边编辑模式下用循环选择工具选中挤压出来的立方体的边，点击鼠标右键执行"倒角"并适当调整偏移和细分，如图4-88所示。

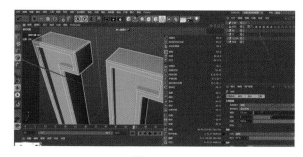

<table>
<tr><td>图 4-85</td><td>图 4-86</td></tr>
</table>

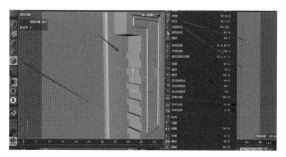
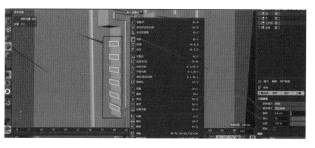

<table>
<tr><td>图 4-87</td><td>图 4-88</td></tr>
</table>

（5）在正视图里面用钢笔工具画一条图4-89所示的样条。再创建一个挤压，然后把"样条"拖曳到"挤压1"的下面并适当调整移动大小，如图4-90所示。将"挤压1"转为可编辑对象，在面编辑模式下点击鼠标右键执行"挤压"，如图4-91所示。然后在边选择模式下，选中该物体棱上的边，点击鼠标右键执行"倒角"，如图4-92所示。

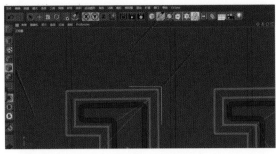
图 4-89

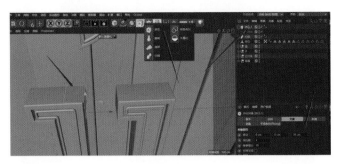
图 4-90

图 4-91

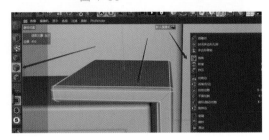
图 4-92

（6）创建一个立方体，勾选"圆角"，调整大小和位置，如图4-93所示。切换为正视图，用钢笔工具画一个图4-94所示的"样条"。再切换为透视图，创建一个"挤压"，将"样条"拖曳到"挤压2"下面，适当调整大小，如图4-95所示。选中挤压出来的物体，将圆角设置为1 cm，如图4-96所示，然后按住Ctrl键复制到右边的"1"上，如图4-97所示。

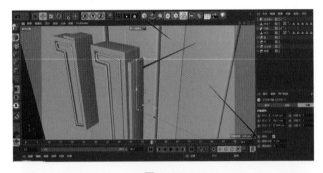
图 4-93

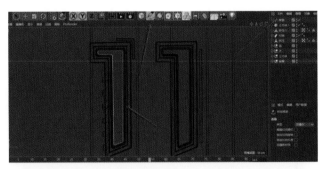
图 4-94

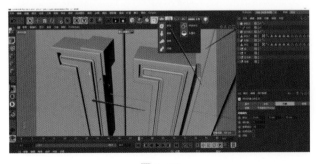
图 4-95

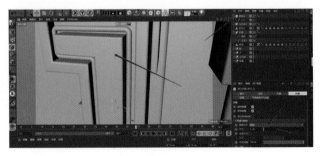
图 4-96

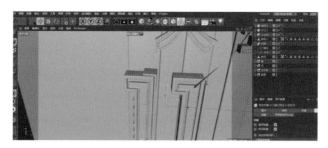

图 4-97

（7）切换为正视图，用钢笔工具画一个图 4-98 所示的"样条"，再切换为右视图，从样条下面的点出发继续向右画样条，如图 4-99 所示。再切换为透视图，从样条左边的点向 Z 轴画样条，如图 4-100 所示，画完可以切换不同的视图去调整点的位置。在点编辑模式下，选中图 4-101 所示样条的三个顶点，点击鼠标右键进行倒角，倒角半径设为 1 cm。

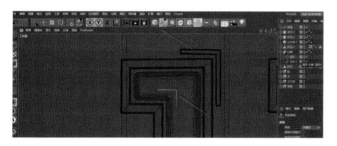

图 4-98

图 4-99

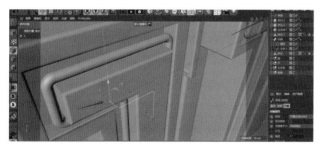

图 4-100

图 4-101

（8）新建一个"圆环"，将圆环的半径改为 2 cm，如图 4-102 所示。再建一个"扫描"，把"圆环"和"样条"都拖曳到"扫描 1"下面且"圆环"在"样条"的上面，如图 4-103 所示。

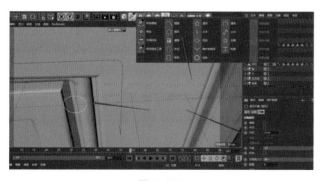

图 4-102

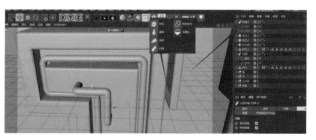

图 4-103

（9）新建一个"管道"，调整大小和位置，如图 4-104 所示，然后设置圆角分段为 12，半径为 0.5 cm。按住 Ctrl 键复制一个管道到图 4-105 所示的位置。按住 Ctrl 键拖动"挤压 1"复制出该物体，缩小放到图 4-106所示位置。

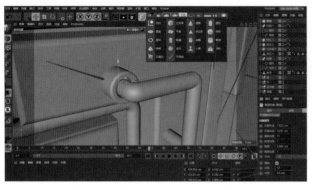

图 4-104

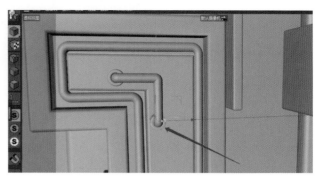

图 4-105

（10）新建一个"圆柱"，调整大小和位置，如图 4-107 所示，并将圆柱的圆角分段设置为 10，半径设为 1 cm。然后新建一个"克隆"，把"圆柱"拖曳到"克隆"的下面，设置克隆数量为 9，步幅尺寸为 2%，如图 4-108 所示。

（11）从上面克隆的圆柱中任意复制出 4 个，将轴向改为"-Z"，调整到合适大小和位置，如图 4-109 所示。

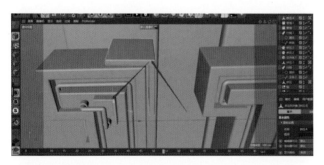

图 4-106

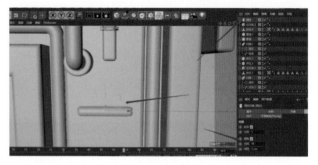

图 4-107

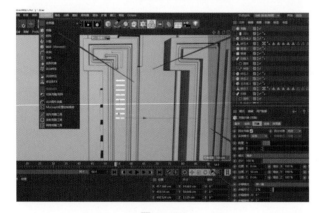

图 4-108

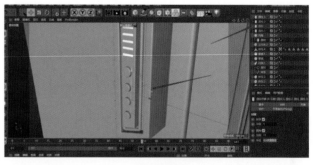

图 4-109

（12）新建一个"立方体"，将圆角半径设为 0.5 cm，圆角细分设为 5。顺时针旋转一下角度，调整大小和位置，如图 4-110 所示。复制一个圆柱，调整旋转分段为 9，放在图 4-111 所示的位置。然后新建一个"布尔"，再将"挤压 3"和"圆柱 4"拖曳到"布尔"的下面，如图 4-112 所示。

（13）创建三个依次缩小的立方体并设置圆角半径为 0.5 cm、细分为 5，如图 4-113 所示。将最上面的立方体的"分段 X"设置为 16，如图 4-114 所示。将该物体转为可编辑模式，然后选中图 4-115 所示的面，取消勾选"保持群组"并进行内部挤压再向里面挤压。设置偏移为 -0.3 cm，如图 4-116 所示。

（14）用循环选择工具选中图 4-117 所示的边进行倒角。如图 4-118 所示，从左边的"1"上复制 5 个圆柱并旋转方向，放到右边的"1"上。再从左边复制两个圆柱放到图 4-119 所示的位置。

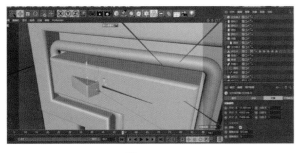

图 4-110

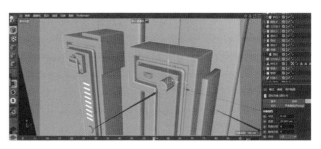

图 4-111

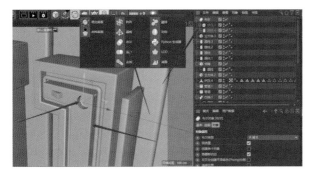

图 4-112

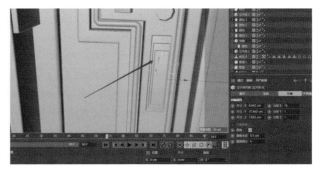

图 4-113

图 4-114

图 4-115

图 4-116

图 4-117

图 4-118

图 4-119

（15）选中图 4-120 所示的圆柱体的面进行内部挤压，然后向里面挤压，效果如图 4-121 所示；再次执行内部挤压，如图 4-122 所示，然后向外挤压，效果如图 4-123 所示。选中图 4-124 所示的两条边进行倒角。把所有与"11"相关的部件选中，然后按 Alt+G 键打组并命名为"11"，如图 4-125 所示。

图 4-120

图 4-121

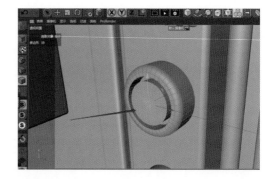

图 4-122

图 4-123

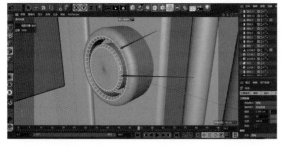

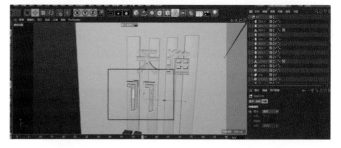

图 4-124

图 4-125

（16）创建一个圆柱体并设置适当的圆角，如图 4-126 所示。将圆柱体转为可编辑对象，选中上面的面执行内部挤压 + 挤压，执行两次，效果如图 4-127 所示。将该物体转为可编辑对象，然后选中图 4-128 所示的两条边，点击鼠标右键进行倒角。创建一个球体，放到图 4-129 所示的位置。再创建一个圆环，放在图 4-130 所示的位置。

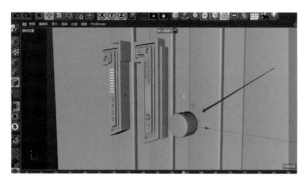

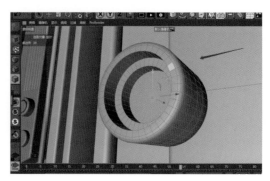

图 4-126

图 4-127

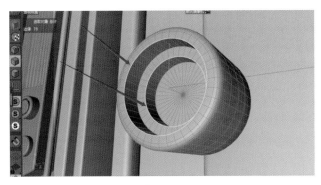

图 4-128

图 4-129

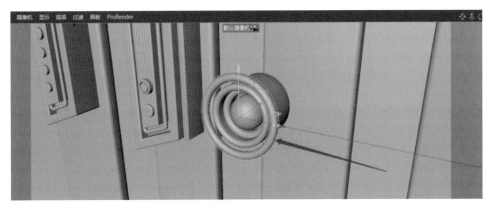

图 4-130

（17）复制一个"11"，如图 4-131 所示。把复制过来的这个"11"上面多余的部件删掉，如图 4-132 所示。切换为正视图，画一条图 4-133 所示的样条。切换为透视图，在点选择模式下选中该样条然后进行倒角，效果如图 4-134 所示。

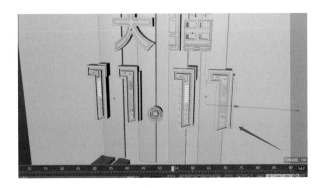

图 4-131

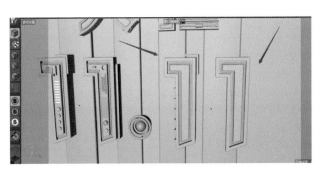

图 4-132

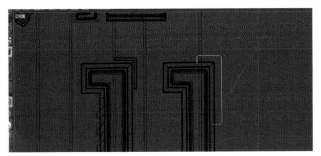

图 4-133

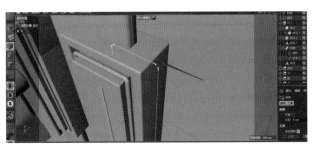

图 4-134

（18）创建一个"圆环"，把半径改为 2 cm，再创建一个"扫描"，把"样条"和"圆环"拖曳到"扫描"的下面，如图 4-135 所示。创建两个"管道"，调整大小和位置，如图 4-136 所示，并给这两个管道设置适当的圆角。如图 4-137 所示，复制一个"扫描"出来，并适当地把圆环半径调大。

（19）拉长图 4-138 所示的挤压物体，再创建一个"布尔"，然后将该挤压物体和"11"的主物体拖曳到"布尔"下面；对另外一个"1"也进行同样的操作。这样就可得到图 4-139 所示的效果。

（20）切换为正视图，用钢笔工具画一条图 4-140 所示的样条。再将样条的顶点进行适当倒角，如图 4-141 所示。创建一个半径为 13 cm 的"圆环"，再创建一个"扫描"，然后把"样条"和"圆环"都拖曳到"扫描 1"的下面，并给"扫描 1"加上适当的圆角，如图 4-142 所示。将左边的"1"的"扫描"复制一个到右边的"1"上，如图 4-143 所示。分别从两个"1"上面复制出两个"扫描"，把圆环的半径调大 1 cm，再调整开始生长和结束生长值，效果如图 4-144 所示。选中图 4-145 中的两个"扫描"，勾选"透显"。复制两个"扫描"，然后将"扫描"中圆环的半径改为 5 cm，把"扫描"的"透显"关闭，如图 4-146 所示。创建一个立方体，放在图 4-147 所示的位置。将各个部件归纳打组，如图 4-148 所示。

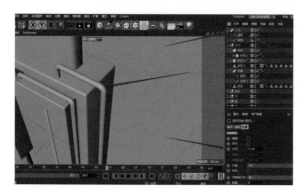

图 4-135

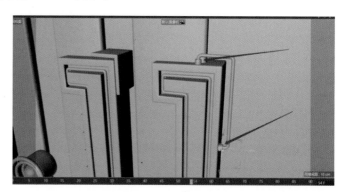

图 4-136

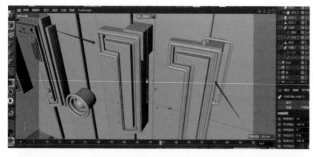

图 4-137

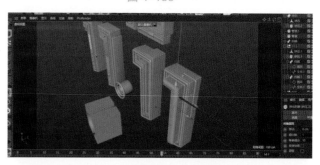

图 4-138

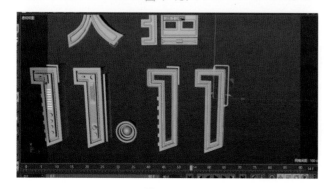

图 4-139

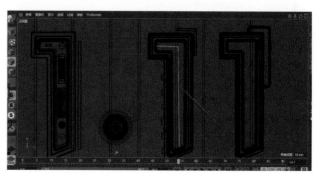

图 4-140

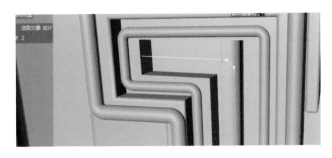

图 4-141

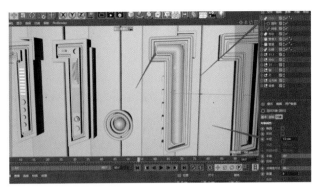

图 4-142

图 4-143

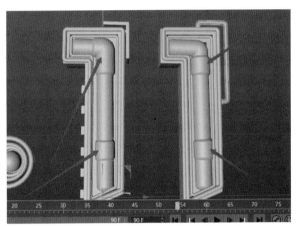

图 4-144

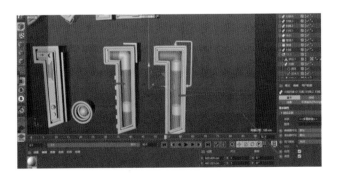

图 4-145

图 4-146

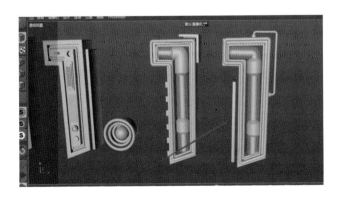

图 4-147

图 4-148

4.4 "全场五折起"字体制作

（1）新建五个"文本"，分别命名为"全""场""五""折""起"，如图4-149所示。将"全"转为可编辑对象，然后调整字体的顶点，调整字体形状，如图4-150所示。再切换为透视图进行挤压，效果如图4-151所示。

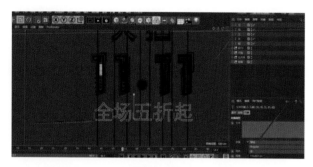

图4-149

图4-150

（2）如图4-152所示，将"挤压"封盖，设置"倒角外形"为"步幅"，尺寸为2cm，勾选"延展外形"，高度为-18cm，分段为1。复制出一个"全"，在点编辑模式下点击鼠标右键创建轮廓，然后缩小轮廓，如图4-153所示。选中外轮廓的"全"的顶点，将其删除，如图4-154所示。选中缩小的轮廓，在点编辑模式下点击鼠标右键进行1cm的倒角，如图4-155所示。创建一个半径为1.5cm的"圆环"，再创建一个"扫描"，把缩小的轮廓对应的"全"和"圆环"都拖曳到"扫描"的下面，如图4-156所示。

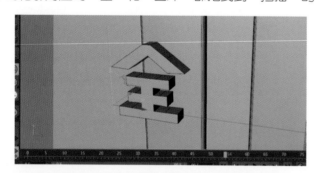

图4-151

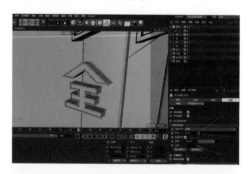

图4-152

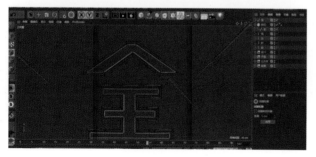

图4-153

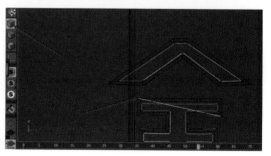

图4-154

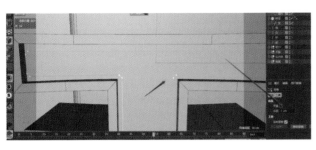

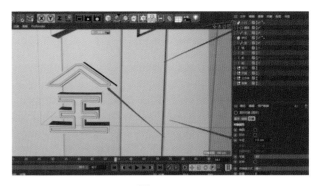

图 4-155

图 4-155
图 4-156

（3）切换为正视图，画一个图 4-157 所示的样条，然后转为透视图，进行挤压，再给挤压出来的物体添加圆角，如图 4-158 所示。将"全"转为视窗单独显示，再转为可编辑模式，点击鼠标右键选择"连接对象+删除"，然后进行优化，用循环选择工具选中棱上的边进行倒角，效果如图 4-159 所示。创建 6 个"圆柱"，调整大小和位置，如图 4-160 所示，并进行适当的圆角处理。然后将与"全"字相关的所有部件选中，按 Alt+G 键打组并命名为"全"。

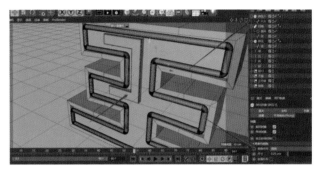

图 4-157
图 4-158

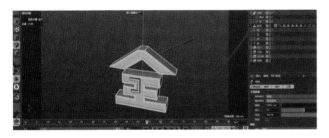

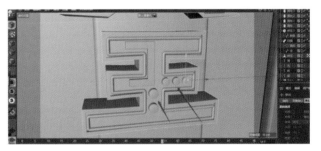

图 4-159
图 4-160

（4）将"场"转为可编辑模式，在正视图里面调整一下字体，再转换为透视图，将其进行挤压，如图 4-161所示。再将边缘进行圆角封盖处理。

图 4-161

（5）创建一个图 4-162 所示的立方体，执行内部挤压。然后转为可编辑对象，用循环选择工具选中边缘上的边进行倒角。创建两个圆柱体，进行适当圆角处理，调整大小和位置，如图 4-163 所示。

图 4-162

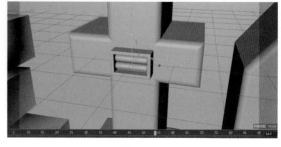

图 4-163

（6）创建一个圆柱体，如图 4-164 所示。将该圆柱体的高度分段设置为 20，然后将圆柱体转为可编辑对象，在面选择模式下，用循环选择工具选中图 4-165 所示的面向外进行挤压。在边选择模式下，用循环选择工具选中图 4-166 所示的边进行适当倒角。

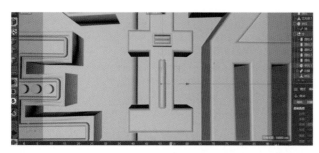

图 4-164

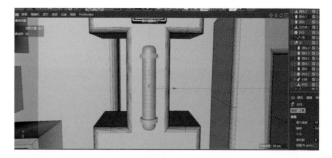

图 4-165

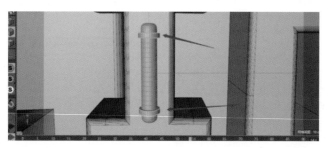

图 4-166

（7）创建一个"螺旋"并调整参数，如图 4-167 所示。创建一个半径为 0.5 cm 的"圆环"，再创建一个"扫描"，把"螺旋"和"圆环"都拖曳到"扫描"下面，然后给"扫描"加上圆角封盖，如图 4-168 所示。

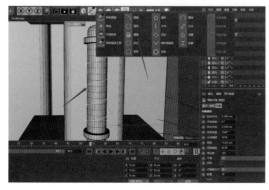

图 4-167

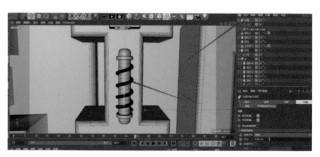

图 4-168

（8）如图4-169所示，从"1"上复制一个小部件到"场"上；再从字体"全"上复制一个圆柱体到"场"上，如图4-170所示。切换为正视图，画一个图4-171所示的样条。将样条进行挤压，再设置适当圆角封盖，如图4-172所示。创建5个圆柱体，调整大小和位置，如图4-173所示。

图 4-169

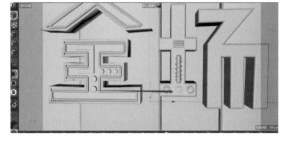

图 4-170

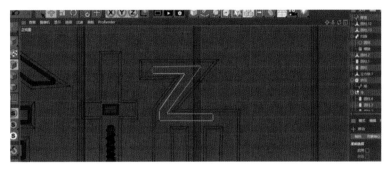

图 4-171

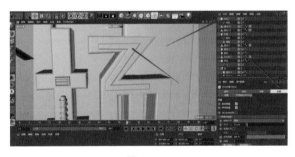

图 4-172

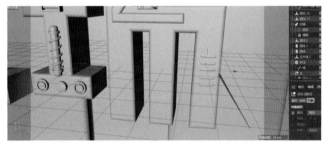

图 4-173

（9）画一条图4-174所示的样条；选中顶点，进行倒角，如图4-175所示。创建一个半径为1.5cm的"圆环"，再创建一个"扫描"，然后把"圆环"和"样条"都拖曳到"扫描"下面，如图4-176所示。创建两个"管道"，调整大小和位置，效果如图4-177所示。再将该部件复制一份，拖曳到右边，如图4-178所示。将与"场"字相关的所有部件选中，按Alt+G键打组并命名为"场"。

（10）将"五"转为可编辑对象，然后适当调整字体形状，再将字体进行挤压，如图4-179所示。选中"挤压"，对字体"五"设置封盖，如图4-180所示。

图 4-174

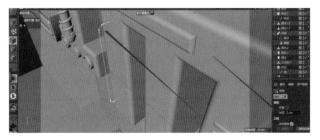

图 4-175

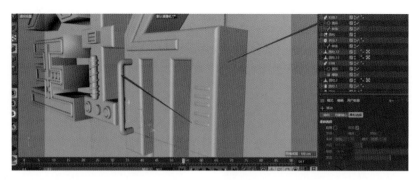

图 4-176

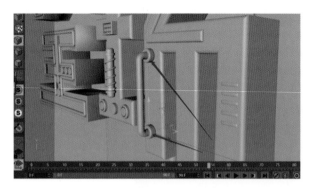

图 4-177

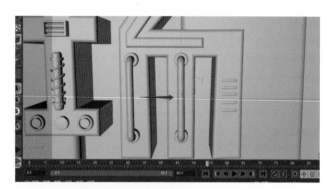

图 4-178

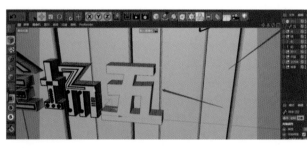

图 4-179

图 4-180

（11）复制一个"五"出来，然后在点编辑模式下点击鼠标右键创建并缩小轮廓，如图 4-181 所示。将缩小的轮廓进行倒角，如图 4-182 所示。创建一个半径为 1 cm 的"圆环"，再创建一个"扫描"，将缩小的轮廓对应的"五"和"圆环"都拖曳到"扫描"的下面，如图 4-183 所示。如图 4-184 所示，从"场"上面复制部件到"五"上。创建 4 个圆柱体，调整大小和位置，如图 4-185 所示。将与"五"字相关的所有部件选中，按 Alt+G 键打组并命名为"五"。

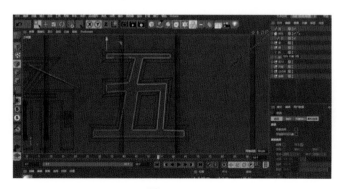

图 4-181

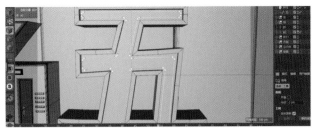

图 4-182

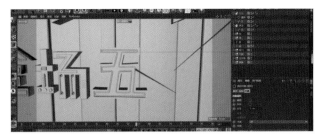

图 4-183

图 4-184

图 4-185

（12）将"折"转为可编辑对象，适当调整字体形状，然后进行挤压，如图 4-186 所示。再给字体设置封盖参数，如图 4-187 所示。

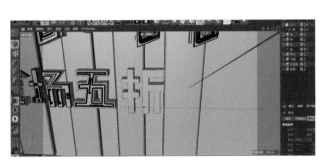

图 4-186

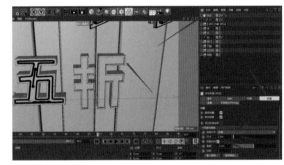

图 4-187

（13）复制一个"折"出来，然后创建轮廓，适当缩小轮廓，点开视窗单独显示，留下"折"字偏旁，把其他的部分删除，如图 4-188 所示。将轮廓进行倒角，如图 4-189 所示；然后创建一个半径为 1 cm 的"圆环"，再创建一个"扫描"，把轮廓对应的"折"和"圆环"都拖曳到"扫描"下面，如图 4-190 所示。从其他字体上复制两个部件摆在图 4-191 所示的位置。

（14）画一条图 4-192 所示的样条。切换为透视图，对样条进行挤压，如图 4-193 所示。然后转为可编辑对象，选中面再向外进行挤压，如图 4-194 所示。将与"折"字相关的所有部件选中，按 Alt+G 键打组并命名为"折"。

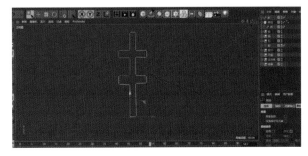

图 4-188

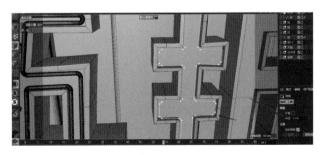

图 4-189

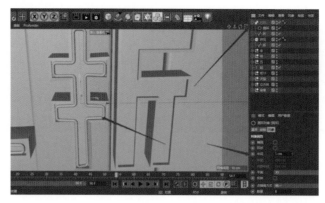

图 4-190

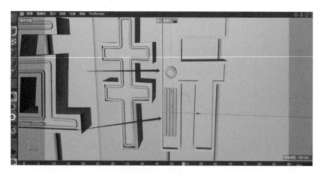

图 4-191

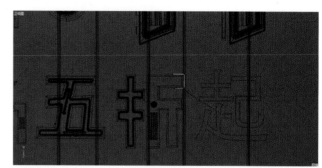

图 4-192

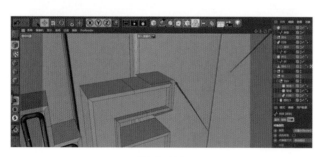

图 4-193

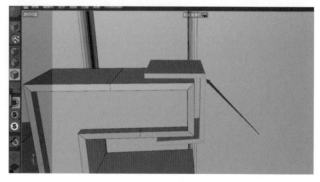

图 4-194

（15）将"起"转为可编辑对象，适当调整字体形状，然后进行挤压，如图4-195所示。再给字体添加封盖，参数如图4-196所示。

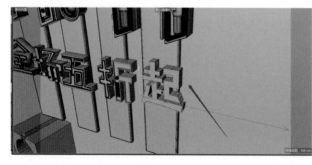

图 4-195

图 4-196

（16）切换为正视图，画一条图4-197所示的样条，再将样条进行倒角，如图4-198所示。创建一个半径为1cm的"圆环"，然后创建一个"扫描"，将"样条"和"圆环"都拖曳到"扫描"下面，如图4-199

所示。从其他字体上复制元素，放置到图 4-200 所示的位置。

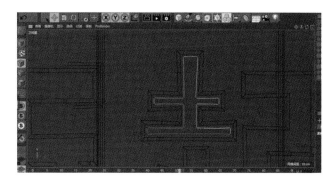

图 4-197

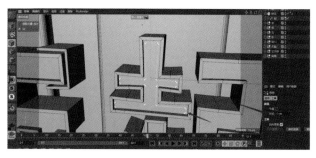

图 4-198

图 4-199

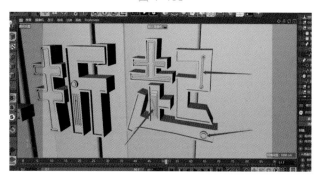

图 4-200

4.5 英文字体制作

（1）新建一个文本"ST"，将"T"字母拉长，如图 4-201 所示。然后对其进行挤压并且添加圆角封盖，如图 4-202 所示。

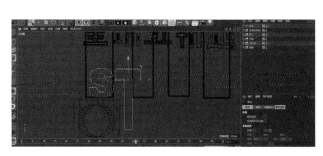

图 4-201

图 4-202

（2）创建四个立方体，并设置半径为 1cm 的圆角，如图 4-203 所示。再将这四个立方体分别复制、缩小，如图 4-204 所示。创建圆柱体，如图 4-205 所示。在最下面那个立方体上再复制出一个立方体然后缩小，如图 4-206 所示。

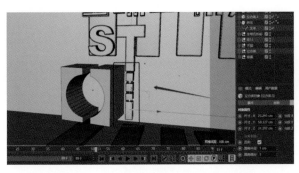
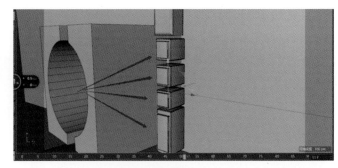

图 4-203　　　　　　　　　　　　　　　　　　图 4-204

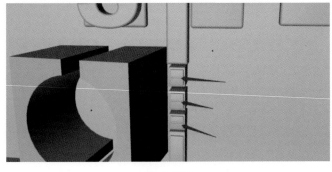
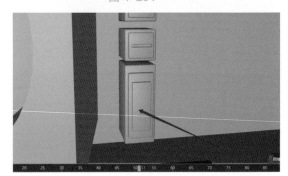

图 4-205　　　　　　　　　　　　　　　　　　图 4-206

（3）画一条图 4-207 所示的样条，选中样条左边的点然后进行倒角，效果如图 4-208 所示。创建一个"挤压"，将"样条"拖曳到"挤压"下面，将"挤压"对应的整体转为可编辑对象，然后选中所有的面向外进行挤压，再选中该"挤压"对应的整体的所有边进行适当倒角，如图 4-209 所示。

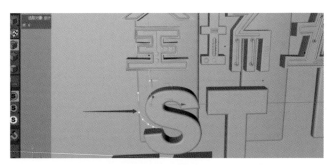

图 4-207　　　　　　　　　　　　　　　　　　图 4-208

图 4-209

（4）复制出一个"文本"，然后在点编辑模式下点击鼠标右键执行"创建轮廓"，再将其转为视窗单独显示，把多余的轮廓删除，留下图 4-210 所示的轮廓。对轮廓进行挤压，如图 4-211 所示。

图 4-210

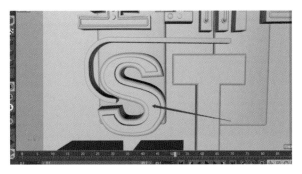

图 4-211

（5）在其他字体上复制来图 4-212 所示的元素。创建一个文本"A"然后将其挤压，再设置适当的圆角，如图 4-213 所示。画一条图 4-214 所示的样条，对样条进行挤压，转为可编辑对象后再向外挤压，然后进行倒角，效果如图 4-215 所示。

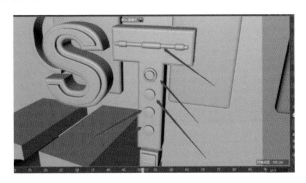

图 4-212

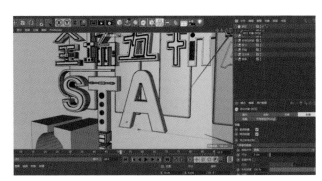

图 4-213

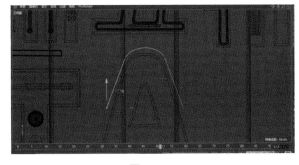

图 4-214

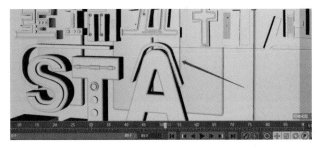

图 4-215

（6）画一条图 4-216 所示的样条，再创建一个半径为 2 cm 的"圆环"，然后创建一个"扫描"，把"圆环"和"样条"拖曳到"扫描"下面，再给"扫描"设置适当的圆角封盖，如图 4-217 所示。复制两个圆环按钮到图 4-218 所示的位置。创建一个圆柱体，设置适当的圆角，然后调整大小和位置，如图 4-219 所示。

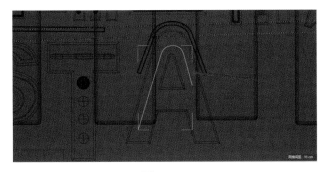

图 4-216

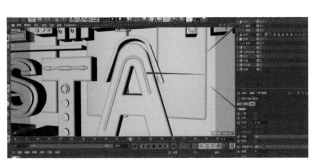

图 4-217

图 4-218

图 4-219

（7）从"A"左边复制四个立方体元素放置到图 4-220 所示的位置。新建两个圆角半径为 1cm 的立方体，调整大小和位置，如图 4-221 所示。再从其他字体上复制两个立方体元素到图 4-222 所示的位置。

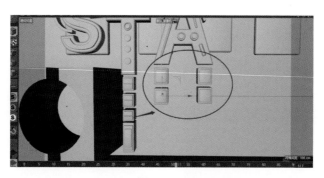

图 4-220

图 4-221

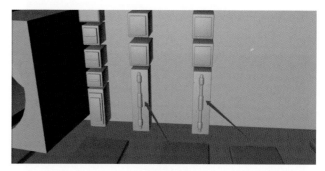

图 4-222

（8）创建一个文本"N"，调整到适当大小后进行挤压，再设置适当的圆角，如图 4-223 所示。创建两个圆角半径为 1cm 的立方体，调整大小和位置，如图 4-224 所示。图 4-225 和图 4-226 所示的元素部件均从其他字体上复制而来。

图 4-223

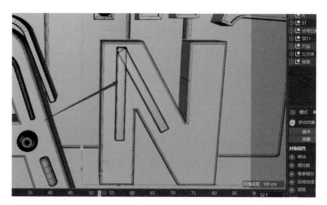

图 4-224

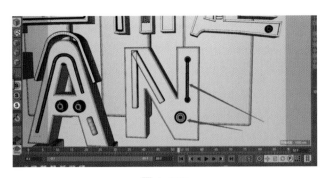

图 4-225　　　　　　　　　　　图 4-226

（9）创建一个文本"D"，进行挤压，如图4-227所示。选中"挤压"，进行步幅倒角，调整参数，如图4-228所示。然后将"挤压"转为可编辑对象，切换为视窗单独显示，选中顶点，点击鼠标右键进行优化，再用循环选择工具选中边缘上的边进行倒角，如图4-229所示。

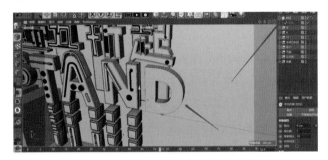
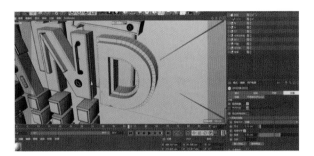

图 4-227　　　　　　　　　　　图 4-228

（10）创建一个立方体，放置到图4-230所示的位置，再创建一个"布尔"，将"挤压"和"立方体1"都拖曳到"布尔"下面，得到图4-231所示的效果。将"布尔"转为可编辑对象，然后执行"连接对象＋删除"，选中所有的点进行优化，再用循环选择工具选中图4-232所示的边进行倒角。

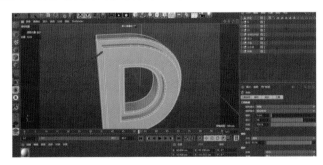

图 4-229　　　　　　　　　　　图 4-230

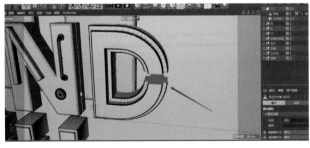
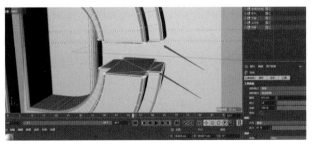

图 4-231　　　　　　　　　　　图 4-232

（11）创建一个圆柱体，如图4-233所示。再创建一个"螺旋"，调整参数，如图4-234所示。创建一个"扫描"和一个半径为2cm的"圆环"，将"圆环"和"螺旋"拖曳到"扫描"的下面，如图4-235所示。

至此就完成了天猫"双11"五折活动海报中的三维字体制作。

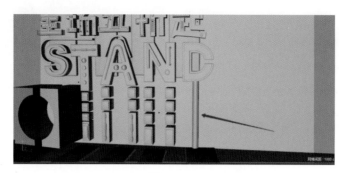

图 4-233

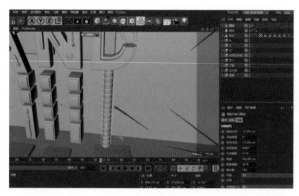

图 4-234

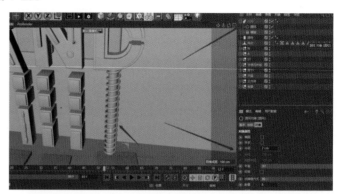

图 4-235

Cinema 4D Shili Sheji yu Zhizuo

第五章

软糖动画制作

5.1　场　景　搭　建

（1）打开 Cinema 4D R21，新建并保存项目，将项目另存为"软糖动画"。新建一个平面模型，将模型的高度设置为 800 cm，宽度设置为 300 cm，如图 5-1 所示。新建一个立方体，拖动黄点，将立方体的长度设为 783.415 cm，宽度设为 14.435 cm，高度设为 4.935 cm，沿 Y 轴移动 7.934 cm，将立方体的"圆角"属性打开，圆角半径设置为 0.5 cm，圆角细分设置为 3，如图 5-2 所示；选中立方体，按住 Alt 键，给立方体添加"对称"属性效果，并将对称方向（"镜像平面"）设置为"XY"，选中立方体，使用移动工具沿 Z 轴移动 44.623 cm，如图 5-3、图 5-4 所示。

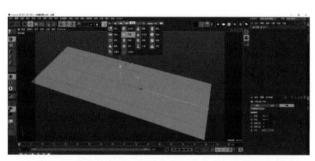

图 5-1

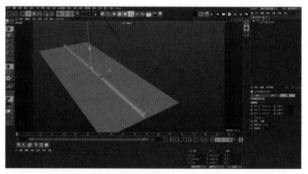

图 5-2

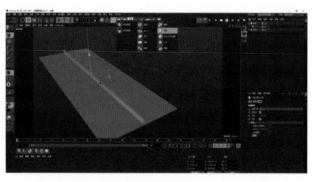

图 5-3

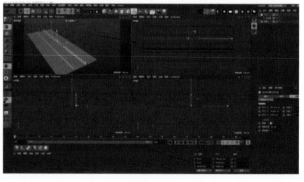

图 5-4

（2）将立方体复制一个，命名为"墙底"，沿 Y 轴移动 2.058 cm，沿 Z 轴移动 101.721 cm，长度不变，将其宽度设置为 3.854 cm，高度设置为 18.996 cm，圆角半径设置为 1 cm，如图 5-5 所示。

复制"墙底"，并将复制出的立方体命名为"墙面"，沿 Y 轴移动 38.089 cm，沿 Z 轴移动 101.721 cm，长度不变，宽度设为 69.121 cm，高度设为 6.019 cm，圆角半径设为 0.5 cm，如图 5-6 所示。

选择"墙底"立方体，按住 Ctrl 键进行复制，将复制出的立方体命名为"墙台"，沿 Y 轴移动 71.969 cm，沿 Z 轴移动 101.721 cm，宽度设为 3.854 cm，如图 5-7 所示。

（3）在菜单栏中点击"文件"找到"打开项目"，在教学素材中找到"小元素 .c4d"并打开，如图 5-8、

图 5-9 所示。选择所需的装饰图样，按 Ctrl+C 键进行复制，再按 V 键，在工程中选择"软糖动画"C4D 工程，切换到"软糖动画"工程界面，如图 5-10 所示。

图 5-5

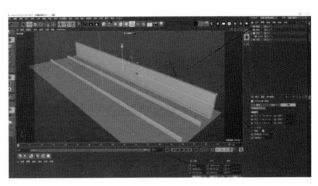

图 5-6

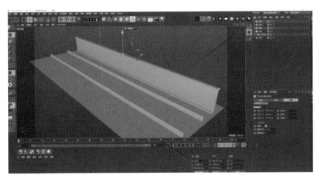

图 5-7

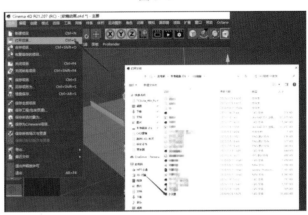

图 5-8

图 5-9

图 5-10

（4）进入"软糖动画"的界面后，按 Ctrl+V 键对图样进行粘贴，如图 5-11 所示。切换到四视图就能找到图样的位置。在右视图中使用移动工具调整图样的位置，将其移动到墙台的上面，位移参数可参考：沿 X 轴移动 –207.229 cm，沿 Y 轴移动 75.477 cm，沿 Z 轴移动 101.947 cm。将图样复制一个，绕 X 轴旋转 180°，绕 Y 轴旋转 180°，并沿 X 轴移动 –203.544 cm，沿 Y 轴移动 79.928 cm，沿 Z 轴移动 101.947 cm，如图 5-12 所示。在列表中将两个图样组合选中，对其进行批量复制，直至墙台上放满。全选所有的图样，按 Alt+G 键建立组，并命名为"装饰"，如图 5-13 所示。

（5）将地板平面复制出一个，命名为"传送带"，沿 Y 轴移动 13.227 cm，拖动黄点调整平面的宽度和高度（参数可参考：宽度设为 777.72 cm，高度设为 89.088 cm），如图 5-14 所示。新建一个球体，使用缩放工具将其直径缩放至 15.341 cm，沿 Y 轴移动 7.034 cm，沿 Z 轴移动 –61.563 cm，如图 5-15 所示。

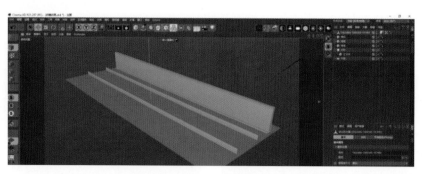

图 5-11

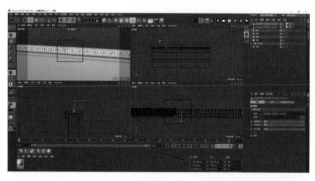

图 5-12

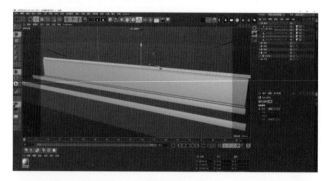

图 5-13

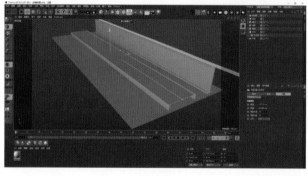

图 5-14

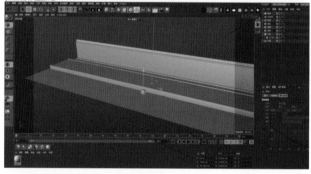

图 5-15

（6）在工具栏中找到"样条画笔"图标，在其上长按鼠标右键，点选"矩形"样条，将其宽度设置为
26cm，高度设置为33cm，打开"圆角"属性，圆角半径设为6cm，沿X轴方向移动 –279.107cm，沿Y轴
移动24.176cm，如图5-16所示。除了"矩形"组外，选中其余所有的组，按Alt+G键建立组，命名为"背景"。

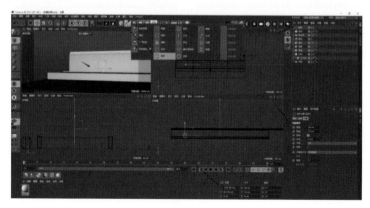

图 5-16

（7）同第（6）步操作方法，找到"圆环"样条工具，将其半径设置为 0.4 cm，如图 5-17 所示；添加"扫描"效果，让"圆环"和"矩形"成为"扫描"的子集，如图 5-18 所示。

【注："矩形"在"圆环"的下层。】

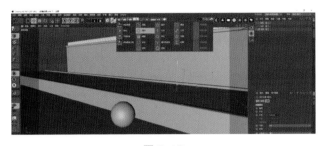 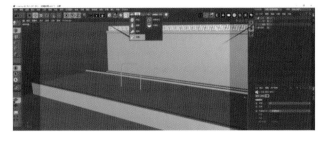

图 5-17　　　　　　　　　　　　　　　　　　图 5-18

（8）新建"圆柱"，将其半径设置为 2.455 cm，高度设置为 1.452 cm，沿 X 轴移动 -266.11 cm，沿 Y 轴移动 13.924 cm；打开"圆柱"的圆角属性，将圆角分段设置为 5，半径设置为 0.65 cm，如图 5-19 所示。复制"圆柱"，得到"圆柱 1"，沿 Y 轴移动 15.211 cm，圆角半径设置为 0.455 cm，如图 5-20 所示。在列表中，选中两个圆柱，按 Alt+G 键建一个组，并命名为"底座固定"，给其添加"对称"效果，"镜像平面"改为"ZY"，并让"底座固定"成为"对称"的子集。在列表中点击"底座固定"组，将其沿 X 轴移动 12.962 cm；点击"对称"组，将其沿 X 轴移动 -279.096 cm，沿 Y 轴移动 14.568 cm，如图 5-21 所示。

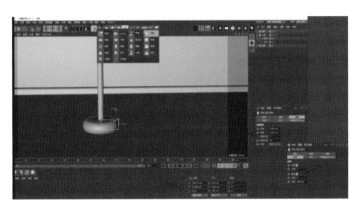

图 5-19

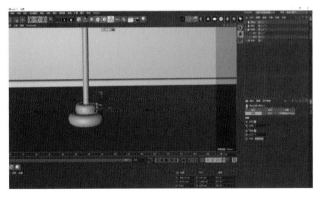 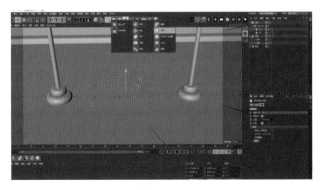

图 5-20　　　　　　　　　　　　　　　　　　图 5-21

（9）新建"圆柱"，沿 X 轴移动 -279.36 cm，沿 Y 轴移动 40.673 cm，绕 Z 轴旋转 -90°，在"对象"属性中将半径设置为 2.413 cm，高度设置为 9.108 cm，在"封顶"属性中将其"圆角"属性打开，圆角半径

设置为0.5cm，分段数设置为3，如图5-22所示。按住Shift键点击"膨胀"为圆柱添加膨胀效果，且将"膨胀"设为"圆柱"的子集，沿X轴移动0.246cm，沿Y轴移动-0.046cm，绕Z轴旋转180°，将膨胀的尺寸设置为：X轴，10cm；Y轴，7cm；Z轴，10cm。强度设为-43%，弯曲度设为50%。相关设置如图5-23所示。对"底座固定"组进行复制，使用缩放工具将复制出的对象缩小50%，沿X轴移动-274.273cm，沿Y轴移动40.684cm，绕Z轴旋转90°，如图5-24所示。选中复制出的"底座固定"，按住Alt键为其添加对称效果，将"镜像平面"设置为"XZ"，点击"对称1"下的子集"底座固定"，沿Y轴移动5.083cm；选中"对称1"组，沿X轴移动-279.356cm，沿Y轴移动40.684cm，如图5-25所示。选择除"背景"外的组，按Alt+G键建组并命名为"滑轮"，如图5-26所示。

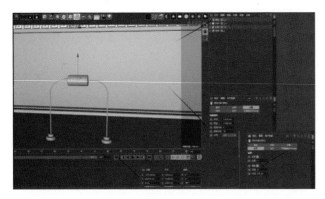

图 5-22

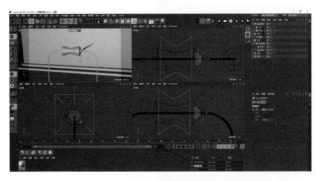

图 5-24

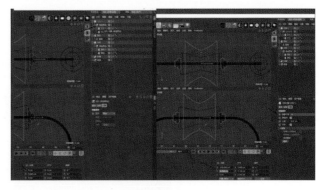

图 5-25

图 5-23

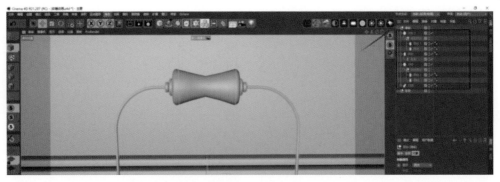

图 5-26

　　（10）将"滑轮"组复制，得到"滑轮1"，沿X轴移动-210.868cm，并绕X轴旋转-25°，再将"滑轮"组绕X轴旋转25°，如图5-27所示。将"滑轮"和"滑轮1"进行批量复制四次，每次复制出的整体沿X轴移动140cm，结果如图5-28所示。

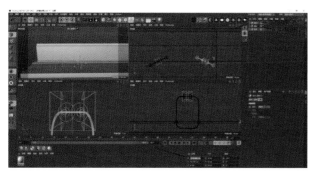

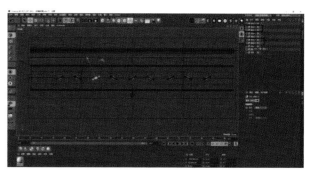

图 5-27　　　　　　　　　　　　　　　　　　　　　图 5-28

<h2>5.2　动 效 制 作</h2>

（1）在工具栏中，选择"样条画笔"工具，在正视图中，在每两个滑轮中间画贝塞尔曲线，如图 5-29 所示；选择滑轮顶部的线条的"点"，旋转"点"的方向，让线条呈现"S"形，仿佛挂在滑轮上、可顺序滑动，如图 5-30、图 5-31 所示。

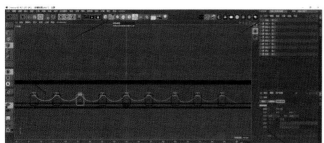

图 5-29　　　　　　　　　　　　　　　　　　　　　图 5-30

（2）在菜单栏中，找到"运动图形"→"矩阵"，如图 5-32 所示，新建一个"矩阵"，在"矩阵"的"对象"属性中将模式设为"对象"，将线条拖入对象框中，将其分布模式设为"步幅"，步幅距离设置为 9 cm，如图 5-33 所示；在"矩阵"的"变换"属性中，将矩阵的"缩放"设置为"0.1"，且在"对象"属性中，将步幅距离修改为 2 cm，如图 5-34 所示。

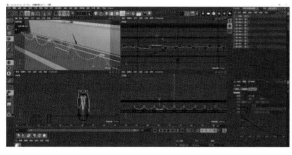

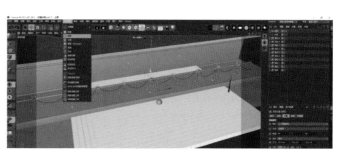

图 5-31　　　　　　　　　　　　　　　　　　　　　图 5-32

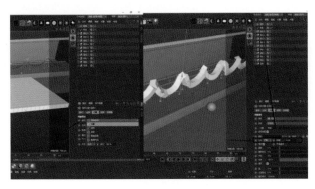

图 5-33

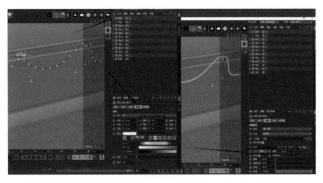

图 5-34

（3）新建立方体，将其长、宽、高均设置为 1 cm，使用移动工具将其沿 Y 轴移动，移动到滑轮的上方，按住 Alt 键，为立方体添加克隆效果，克隆的模式设置为"线性"，克隆数量设置为 388，克隆的两立方体间 Y 轴距离设置为 1.2 cm；将立方体移至最左边，如图 5-35 所示；在菜单中的"运动图形"→"效果器"中点击"继承"，将继承对象设置为"矩阵"，如图 5-36 所示。将对象设置为"矩阵"后，可观察到竖着的立方体不见了。将"矩阵"显示关闭，将模型放大后可观察到线条上有很多很小的白点，克隆的立方体就在线条上，如图 5-37 所示。

【注：克隆立方体的数量是参考线条的长度设置的，在添加"继承"效果后，如果线条没被白色的小立方体填满，需在"克隆"的属性中去增加立方体的数量。】

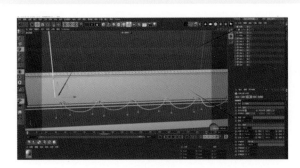

图 5-35

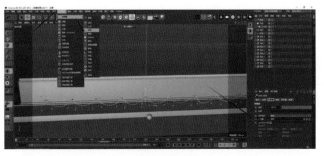

图 5-36

（4）将"矩阵"显示打开，在列表中点击"继承"，在列表的右下角选择"继承"里的"衰减"属性标签卡，在它的最下方有一个"线性域"，点击"线性域"，它就会成为"继承"的子集。将线性域的长度设置为 10 cm，方向设置为"Y-"，并将线性域移至视图中间，如图 5-38 所示。

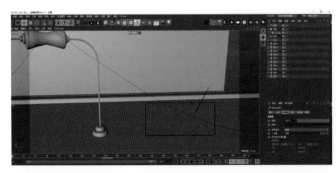

图 5-37

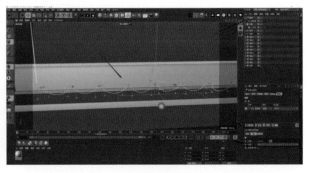

图 5-38

（5）给"克隆"对象打关键帧。首先将视频的帧数设置为 400，如图 5-39 所示。点选"克隆"，在"克隆"的"变换"属性中，添加物体运动的关键帧。在 0 帧时，给变换的 X 轴和 Y 轴添加一个关键帧；在 380

帧时，将 X 轴的位置设置为"630 cm"，Y 轴的位置设置为"−493 cm"，如图 5-40 所示。在"运动图形"菜单中添加"追踪对象"效果，将追踪模式设置为"连接所有对象"，类型设为贝塞尔曲线，点插值方式设为"统一"，数量为 3，将"矩阵"和"克隆"子集里的"立方体"关闭显示，如图 5-41 所示。

图 5-39

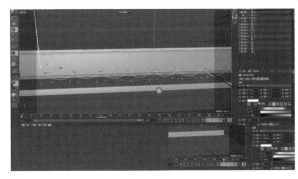

图 5-40

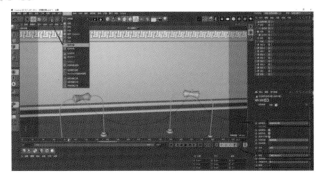

图 5-41

（6）按住 Alt 键给追踪对象添加体积生成效果，在体积生成效果器中将体素尺寸设置为 0.51 cm，体素距离设置为 1，迭代设置为 1，并添加"SDF 平滑"效果。将"体积生成"放置在"追踪对象"的下面。在列表中选择"体积生成"组，按住 Alt 键再添加一个"体积网格"效果，将"样条"、"矩阵"和"克隆"里的"立方体"显示关闭，如图 5-42 所示。

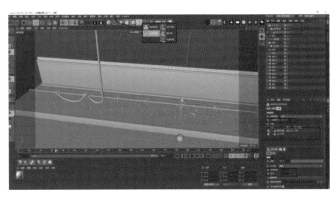

图 5-42

至此，软糖动画制作的主体就完成了，后续进行摄像机动效与材质调节以及渲染输出就能看到完整的软糖动画了。

Cinema 4D Shili Sheji yu Zhizuo

第六章

电商促销场景制作

6.1　底部场景搭建

（1）点击"文件"，新建项目，再点击"保存项目"，将项目名称改为"电商促销场景"。
（2）建立一个图 6-1 所示大小的立方体。

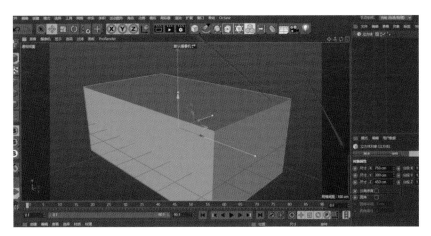

图 6-1

（3）将渲染设置的输出预设改为 1280×1280 像素，如图 6-2 所示。

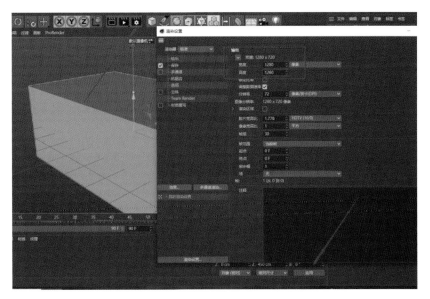

图 6-2

点击右边面板模式，勾选"视图设置"，把边框颜色改为黑色，透明度设为 100%，便于观察，如图 6-3 所示。再打开 OC 渲染器里的渲染工具栏，找到"对象"→"Octane 摄像机"，如图 6-4 所示。

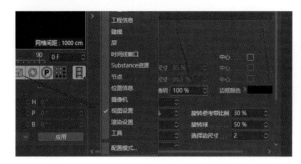

图 6-3　　　　　　　　　　　　　　　　　　　　　　　图 6-4

（4）点击进入摄像机，把焦距改为"肖像（80毫米）"，再调整视图，如图6-5所示。选中摄像机，点击"合成"，打开"网格"，便于观察画面的构图，如图6-6所示。选中立方体，勾选"圆角"，把圆角半径改为1cm，如图6-7所示。

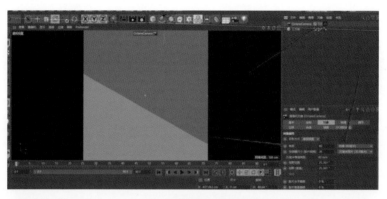

图 6-5

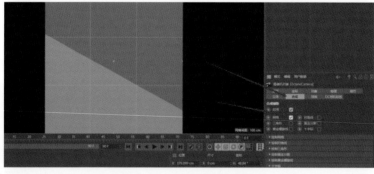

图 6-6

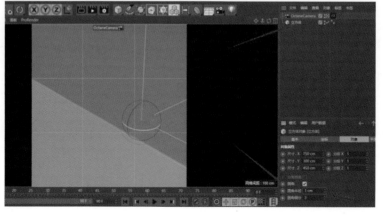

图 6-7

选中摄像机右击，找到装配标签，添加一个"保护"，如图 6-8 所示。

（5）将画面切换为顶视图，然后找到"摄像机"，点击"透视视图"，如图 6-9 所示；点击"显示"，然后选择"光影着色"，如图 6-10 所示。新建四个大小一致、圆角半径为 0.5 cm 的立方体，如图 6-11 所示。新建一个"多边形"，在右边面板"对象"标签卡里勾选"三角形"，把方向改为"-Z"，如图 6-12、图 6-13 所示。选中这个三角形，把它转换为可编辑对象，在面选择模式下，选中一个面，点击鼠标右键执行"挤压"，如图 6-14 所示。在边选择模式下选中这个三角形，点击鼠标右键执行"倒角"，如图 6-15 所示。打开正视图，复制一个三角形到右边，如图 6-16 所示。

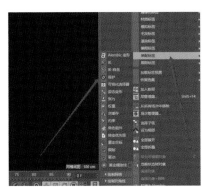

图 6-8

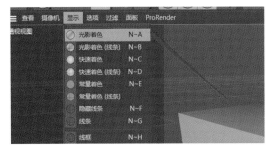

图 6-10

图 6-11

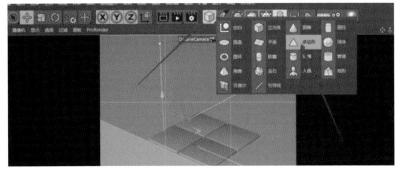

图 6-12

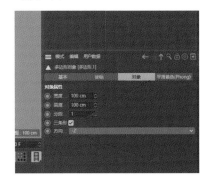

图 6-13

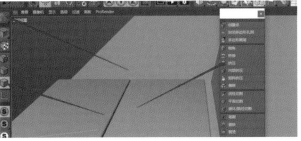

图 6-14

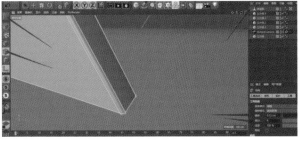

图 6-15

再复制出一个三角形，放在顶部，如图 6-17 所示。

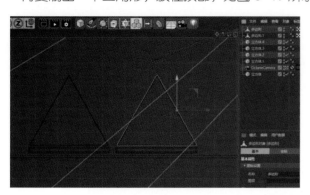

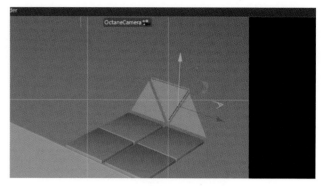

图 6-16　　　　　　　　　　　　　　　　　　图 6-17

（6）在边选择模式下选中"多边形"，点击鼠标右键执行"循环／路径切割"，如图 6-18 所示。在点选择模式下选中切割出来的边上的顶点，切换为正视图，向上移动，如图 6-19 所示。把堆积而成的大三角形复制一份，拖放并旋转到图 6-20 所示的位置。选中除了摄像机以外的所有物体，按 Alt+G 键执行打组，并命名为"底部"，如图 6-21 所示。

图 6-18

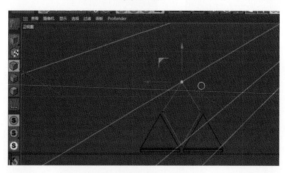

图 6-19

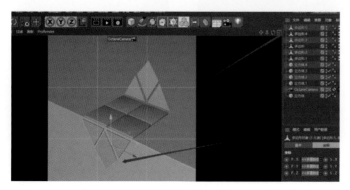

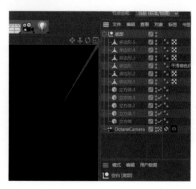

图 6-20　　　　　　　　　　　　　　　　　　图 6-21

6.2 主体场景搭建

（1）复制"底部"中的任意一个立方体并调整大小，调好后再复制出两个。三个立方体摆放如图6-22所示。

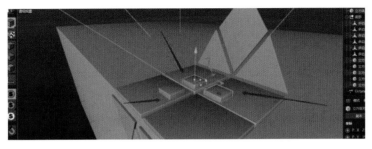

图 6-22

（2）打开素材包，找到模型文件夹，把"楼阁"文件直接拖曳到C4D里面，如图6-23至图6-25所示。

名称	修改日期	类型	大小
电商促销场景制作素材	2023/2/11 18:56	文件夹	
电商促销场景制作素材	2023/2/11 18:56	WinRAR ZIP 压缩...	380,893 KB

图 6-23

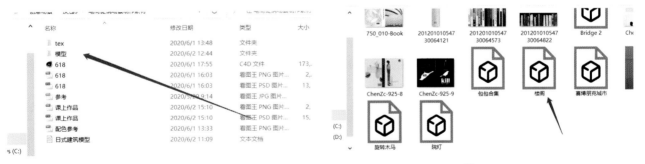

图 6-24　　　　　　　　　　　　　　　　图 6-25

（3）对拖曳进来的这个阁楼的所有部件按 Alt+G 键打组，把现有的材质删除，如图6-26所示；将打好的组改名为"阁楼"，在材质面板上双击创建一个新的材质，把新建的材质拖曳到内容面板的"阁楼"上，如图6-27所示。右击"阁楼"旁边的材质球，右击执行"选择相同类型的子标签"，如图6-28所示；按 Delete 键把材质删除，选中"阁楼"，按 Ctrl+C 键复制，打开"窗口"找到"电商促销场景"，如图6-29所示，点进去后按 Ctrl+V 键粘贴。

（4）将阁楼缩小摆放在图6-30所示的位置。在阁楼底下创建一个立方体并执行圆角，调整大小和位置，如图6-31所示。

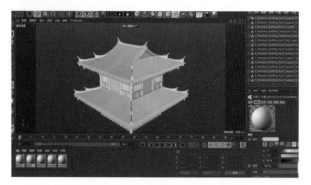

图 6-26

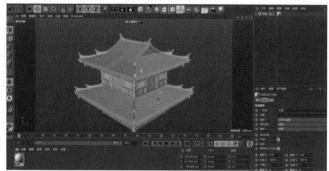

图 6-27

图 6-28

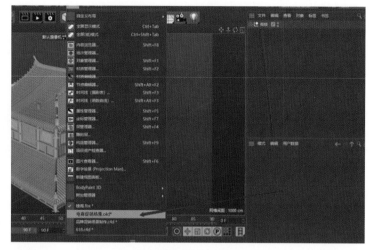

图 6-29

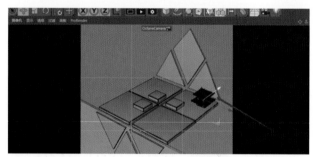

图 6-30

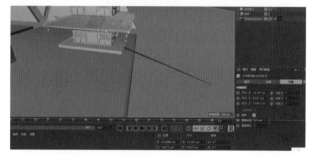

图 6-31

（5）按住 Ctrl 键拖动刚刚创建好的阁楼底座，复制出两个阶梯，摆放如图 6-32 所示。把"院灯"拖曳到 C4D 中，删除材质，然后复制到"电商促销场景"中；把院灯缩小后再复制出一个，分别摆在阶梯的两边，如图 6-33、图 6-34 所示。

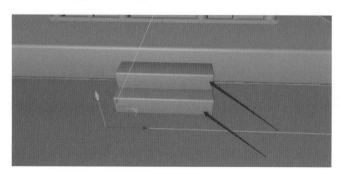

图 6-32

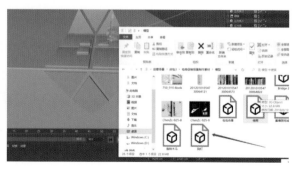

图 6-33

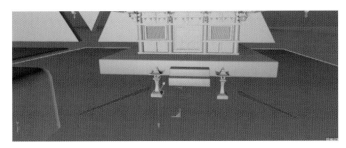

图 6-34

6.3　装饰场景制作

（1）新建项目，创建一个圆柱体，如图 6-35 所示。将圆柱体转为可编辑对象，在点选择模式下点击鼠标右键再点击"优化"，如图 6-36 所示。

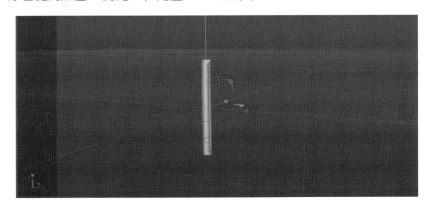

图 6-35　　　　　　　　　　　　　　　　　　图 6-36

（2）在面选择模式下，选中圆柱体顶部的面，使其缩小，如图 6-37 所示，使圆柱体呈下粗上细的树干形状。将此物体复制出两个作为小树枝，如图 6-38 所示摆放。再创建多个球体，点击"融球"，如图 6-39 所示。把创建的多个"球体"都拖曳到"融球"下面，并把"编辑器细分"和"渲染器细分"都设置为 3 cm，如图 6-40 所示。

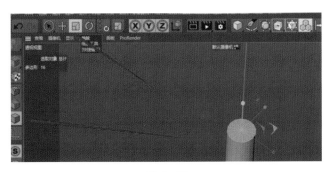

图 6-37　　　　　　　　　　　　　　　　　　图 6-38

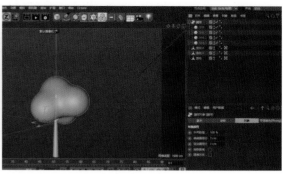

图 6-39   图 6-40

（3）不断地调整球与球之间的位置和大小比例，使其看起来协调，如图 6-41 所示，树冠就做好了。创建一个立方体，放到树的下面，调整一下大小，如图 6-42 所示；选中立方体，转为可编辑对象，在面选择模式下选中上方的面，点击鼠标右键执行"内部挤压"，如图 6-43 所示，调整合适的偏移量。再点击鼠标右键执行"挤压"，在边模式下点击鼠标右键执行"倒角"，调整偏移为 0.5 cm，细分为 5，如图 6-44 所示。再创建两个"宝石"，调整大小，如图 6-45 所示。选中所有的物体按 Alt+G 键打组，并命名为"树"，如图 6-46所示。

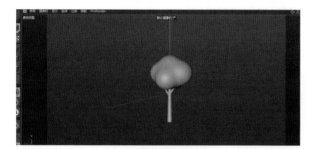

图 6-41

图 6-42

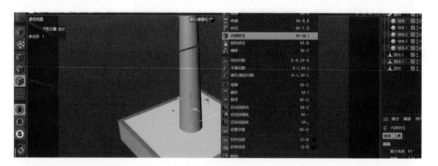

图 6-43

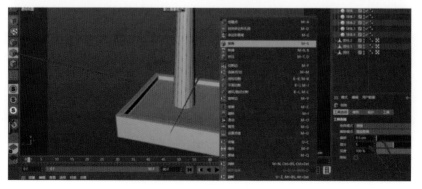

图 6-44

 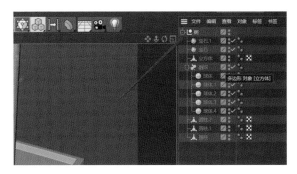

图 6-45　　　　　　　　　　　　　　　图 6-46

（4）把刚刚做好的"树"复制到"电商促销场景"中，再复制出一个并调整大小，摆放如图 6-47 所示。再次复制出一个并把底座拉长，调整大小，如图 6-48 所示。复制两棵树在旁边，如图 6-49 所示。

（5）打开素材包中的"Bridge 2"，如图 6-50 所示，拖到 C4D 中作为"桥"，然后把桥的材质删除，如图 6-51 所示。选中"桥"，按 Ctrl+C 键和 Ctrl+V 键将其复制到"电商促销场景"中；将复制过来的这个"桥"缩小，调整摆放位置及角度，如图 6-52 所示。复制四个院灯，分别放在两边的桥头，如图 6-53 所示。选中桥旁边的一个立方体，按住 Ctrl 键拖动，复制出一个图 6-54 所示大小的立方体，并适当调整圆角参数。再将该立方体复制两个出来，调整大小作为阶梯，摆放在图 6-55 所示的位置。复制出一个立方体，位置、大小如图 6-56 所示。

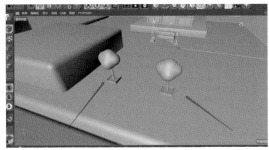 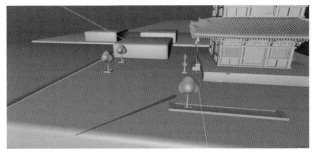

图 6-47　　　　　　　　　　　　　　　图 6-48

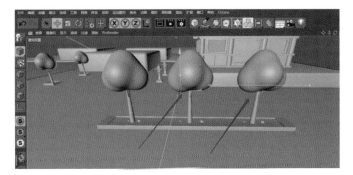

图 6-49

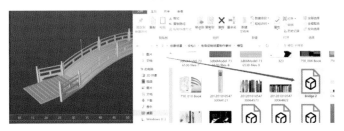

图 6-50

图 6-51

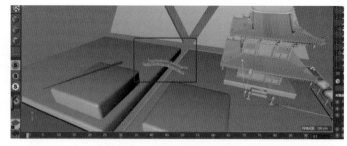

图 6-52

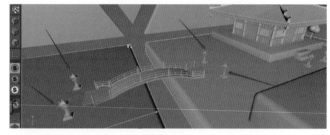

图 6-53

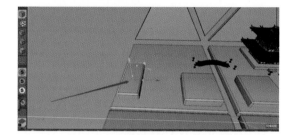

图 6-54

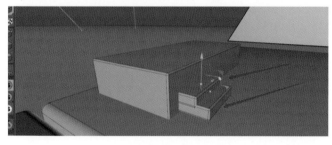

图 6-55

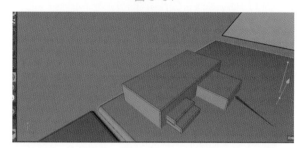

图 6-56

（6）复制一个立方体，把圆角半径改为 0，调整大小，如图 6-57 所示。把立方体改为可编辑模式。在点选择模式下，选中立方体右边的两个顶点向上拖曳，得到图 6-58 所示的图形。再复制来一个立方体，如图 6-59 所示。另外复制四个立方体作为柱子，适当调整大小，如图 6-60 所示。创建一个"角锥"，调整大小、位置，如图 6-61 所示。

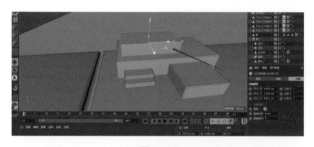

图 6-57

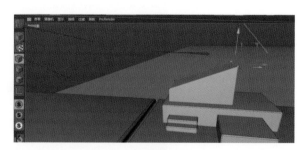

图 6-58

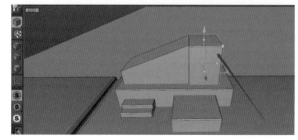

图 6-59

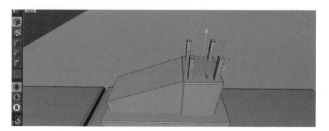

图 6-60

图 6-61

将"角锥"转化为可编辑对象,在边选择模式下点击鼠标右键执行"倒角",调整倒角的偏移为 0.05 cm,细分为 5,如图 6-62 所示。再建立一个"球体",调整大小,如图 6-63 所示。

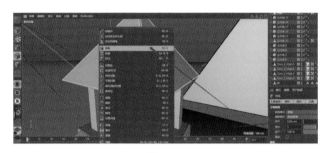

图 6-62

图 6-63

(7)找到素材包中的"旋转木马",然后选中"旋转木马",如图 6-64 所示。

将"旋转木马"拖曳到 C4D 中作为"旋转木马",然后选中"旋转木马"执行复制(按 Ctrl+C 键),如图 6-65 所示,打开"窗口"找到"电商促销场景"(见图 6-66),点进去按 Ctrl+V 键把"旋转木马"放进去。

将旋转木马粘贴到场景中后调整大小和位置,如图 6-67 所示。

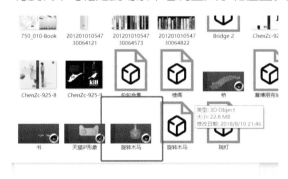

图 6-64

图 6-65

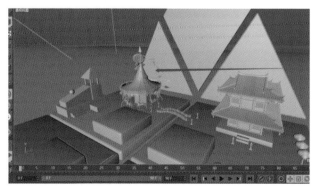

图 6-66

图 6-67

（8）打开素材包中的"包包合集"，把材质删除，选择图6-68所示的包将其复制到"电商促销场景"中。调整复制过来的包的大小和位置，如图6-69所示。复制一个立方体，大小、位置如图6-70所示。再创建一个球体，调整到适当大小，把球体分段改成"50"，摆放位置如图6-71所示。

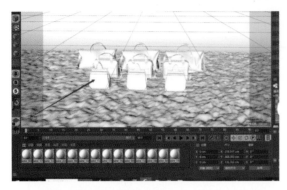
图 6-68

图 6-69

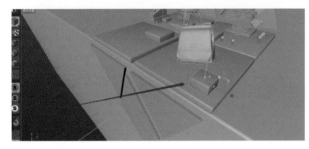
图 6-70

图 6-71

（9）找到素材包中的"赛博朋克城市"（见图6-72），将其拖曳到C4D中。找到图6-73所示的建筑，选中其所有部件，按Alt+G键执行打组，然后点击"查看"执行"转到第一激活对象"，这样便于查找，如图6-74所示。这时候会发现有一个"空白"组（见图6-75），按Ctrl+C键复制，再打开"窗口"找到"电商促销场景"（见图6-76），将其复制到该场景中；把复制过来的物体名字改为"建筑"，然后调整其大小和位置，如图6-77所示。

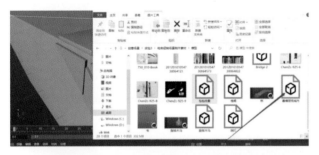
图 6-72

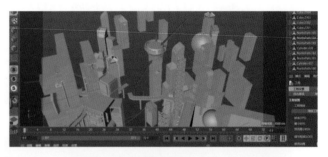
图 6-73

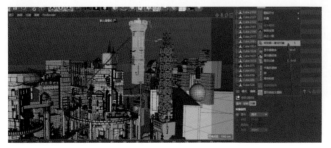
图 6-74

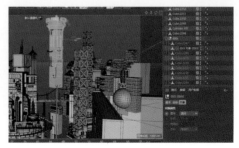
图 6-75

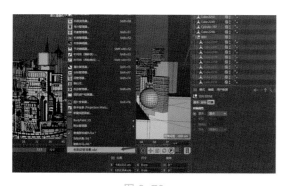

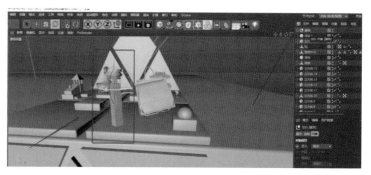

图 6-76　　　　　　　　　　　　　　　　　图 6-77

（10）点击"窗口"找到"赛博朋克城市"（见图 6-78）并打开。找到图 6-79 所示的小房子和路灯，选中它们，然后按 Alt+G 键打组，点击"查看"并执行"转到第一激活对象"，如图 6-80 所示；产生一个新的"空白"组，将名字改为"房子"，如图 6-81 所示，然后将其复制到"电商促销场景"中；将复制过来的这个"房子"适当调整大小，摆放位置如图 6-82 所示。

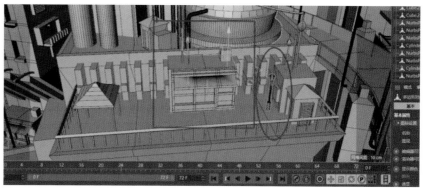

图 6-78　　　　　　　　　　　　　　　　　图 6-79

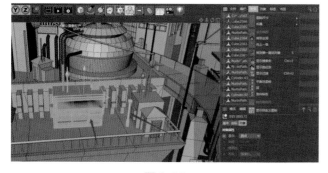

图 6-80　　　　　　　　　　　　　　　　　图 6-81

图 6-82

（11）在"赛博朋克城市"中找到图6-83所示的餐桌，选中它，按Alt+G键打组，然后点击"查看"执行"转到第一激活对象"并产生一个新的"空白"组，把其名字改为"餐桌"，用之前的复制方法，把餐桌复制到"电商促销场景"中，将复制过来的"餐桌"中桌和椅的距离适当调远一点，再复制出另一套餐桌椅，大小及摆放位置如图6-84所示。

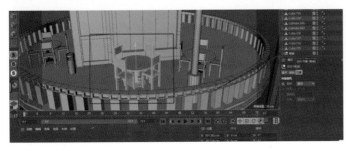

图 6-83

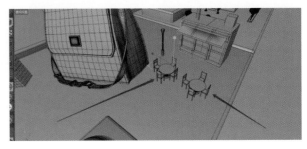

图 6-84

（12）复制三棵树，摆放在图6-85所示位置。复制一个路灯，放在图6-86所示的位置。在图6-87所示的位置创建两个立方体，调整圆角和细分（圆角半径设为0.25 cm，细分设为3），再调整大小和位置。

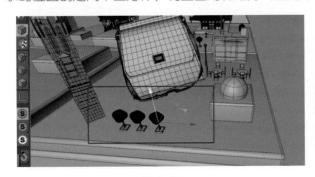

图 6-85

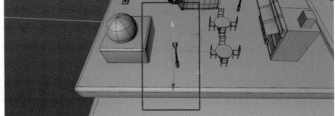

图 6-86

在素材包中打开"书"，这里不用删除材质，直接将图6-88中的书复制到"电商促销场景"中。将复制过来的书适当调整大小，位置如图6-89所示。

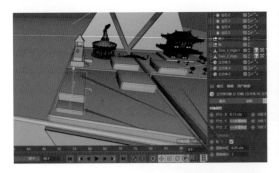

图 6-87

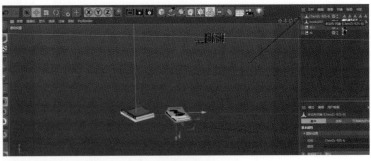

图 6-88

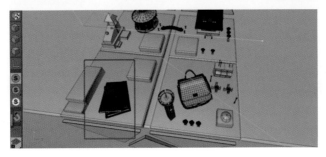

图 6-89

（13）打开素材包中的"天猫 iP 形象"文件（见图 6-90），用同样的方法将其复制到"电商促销场景"中。对复制过来的"猫头"调整大小和位置，如图 6-91 所示。

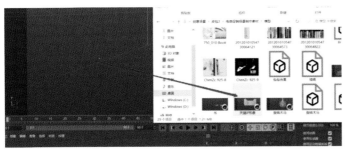

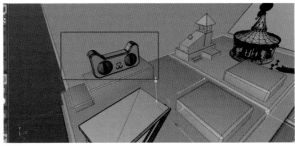

图 6-90　　　　　　　　　　　　　　　　　　图 6-91

再次打开素材包中的"赛博朋克城市"，找到图 6-92 所示的建筑，选中，按 Alt+G 键执行打组，点击"查看"，选择"转到第一激活对象"，将其改名为"塔"，然后按 Ctrl+C 键复制到"电商促销场景"中去。打开"电商促销场景"文件后按 Ctrl+V 键粘贴，然后调整塔的大小和位置，如图 6-93 所示。

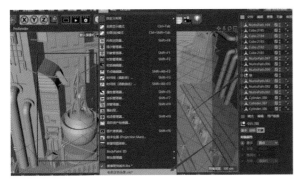

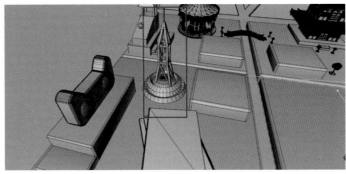

图 6-92　　　　　　　　　　　　　　　　　　图 6-93

再次打开"赛博朋克城市"场景找到图 6-94 中的垃圾桶，然后将其复制到"电商促销场景"中，调整大小和位置，如图 6-95 所示。

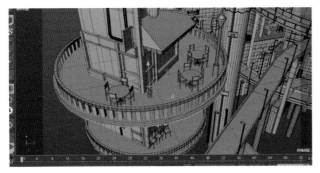

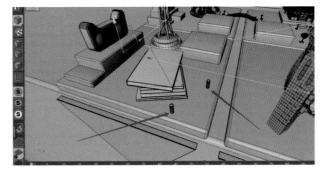

图 6-94　　　　　　　　　　　　　　　　　　图 6-95

（14）添加字体。创建一个"文本"，输入数字"6"，如图 6-96 所示。选中这个文本执行"挤压"并调整大小和位置，如图 6-97 所示。再用同样的方法，创建数字"1"和"8"，如图 6-98 所示。给这三个数字加上圆角封盖，如图 6-99 所示。

（15）创建一个圆柱体，调整大小后放在图 6-100 所示的位置。再创建一个"布尔"，把"圆柱"和"多边形"拖到"布尔"下面，如图 6-101 所示。选中"布尔"，勾选"创建单个对象"和"隐藏新的边"，如图 6-102 所示，再点击鼠标右键执行"连接对象 + 删除"，如图 6-103 所示。选中该物体，在点选择模式下

点击鼠标右键执行"优化"，然后在边选择模式下用选择工具里面的循环选择工具选中图6-104所示的两条边，点击鼠标右键执行"倒角"，适当调整倒角的偏移和细分，如图6-105所示。

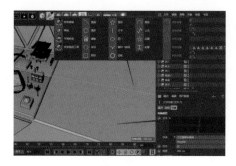

图 6-96

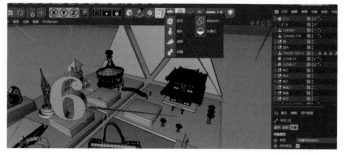

图 6-97

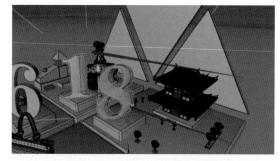

图 6-98

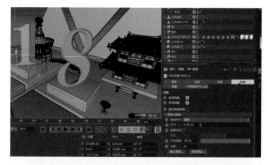

图 6-99

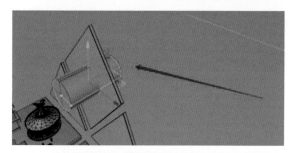

图 6-100

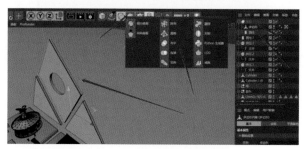

图 6-101

图 6-102

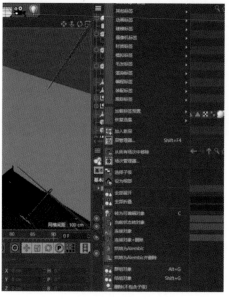

图 6-103

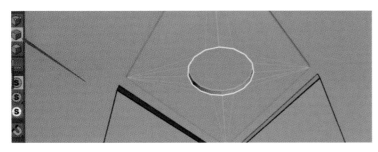
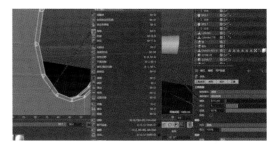

图 6-104　　　　　　　　　　　　　　　图 6-105

　　创建一个"球体"，位置、大小如图 6-106 所示。再创建一个"圆环"，调整位置、大小，如图 6-107 所示。同上述操作方法，添加"圆柱"，执行"布尔"，然后进行倒角，加一个球体，效果如图 6-108 所示。

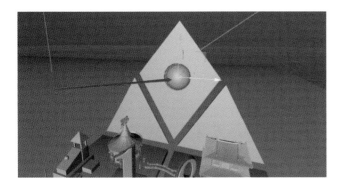
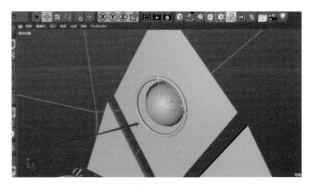

图 6-106　　　　　　　　　　　　　　　图 6-107

图 6-108

　　至此，电商促销场景的主体就制作完成了，后续进行材质调节以及渲染输出就能看到完整的效果了。

Cinema 4D Shili Sheji yu Zhizuo

第七章

IP 形象设计

7.1 OC 页面设置

　　打开 C4D 新建项目并将该项目另存在专门的文件夹里。打开 C4D 页面，按 Shift+F12 键将快捷图标放在工具栏中（界面上方横向工具栏中常放目标聚光灯、区域光、IES 灯光、日光、HDR 环境、摄像机、漫射材质、光泽材质、透明材质、混合材质、分布等图标，优化和轴对齐等图标常放在左边工具栏）。打开"窗口"→"自定义布局"，选择"保存为启动布局"，如图 7-1 所示。

图 7-1

7.2 模 型 创 建

　　（1）点击鼠标中键切换为正视图，按快捷键 Shift+V 导入图片，如图 7-2 所示；选择"过滤"关掉网格显示，在属性栏中将水平偏移设置为 11 cm，水平尺寸设置为 562 cm，垂直偏移设置为 –96 cm，透明度改为 73%。

图 7-2

　　（2）新建球体，在操作区的右下角将 X、Y、Z 轴方向的尺寸都改为 50.8 cm，如图 7-3 所示。点击"显示"切换为"线框"模式，切换到透视图，点击球体，视图窗口中点击"显示"并选择"光影着色（线条）"。

切换到正视图，在属性栏中将类型改为"六面体"，分段改为 17，如图 7-4 所示；将其"C 掉"，使用缩放工具将其缩放到合适位置，对齐背景参考的脸部。切换为四视图，在面模式下将人的两侧耳朵模型做出来，如图 7-5 所示；点击鼠标右键选择"循环 / 路径切割"增加两条循环切割线，如图 7-6 所示。在面模式下，使用缩放工具适当缩小耳朵模型，让其对齐参考图中的耳朵，将细分曲面效果赋给球体，如图 7-7、图 7-8 所示。

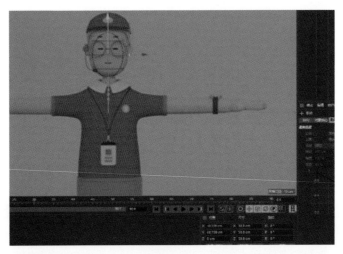

图 7-3

图 7-4

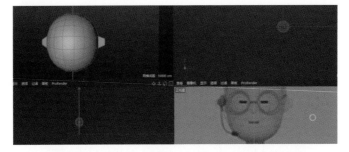

图 7-5

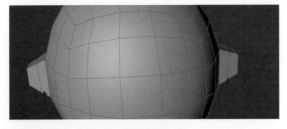

图 7-6

图 7-7

（3）制作头发部分。在面模式下，选择图 7-9 所示的面，点击鼠标右键选择"分裂"，效果如图 7-10 所示；点击鼠标右键选择"挤压"，在属性栏勾选"创建封顶"，如图 7-11 所示；点击鼠标右键选择"循环/路径切割"，如图 7-12 所示切割一条边，随后赋给其细分曲面效果，并"C掉"，如图 7-13 所示；打开菜单进行雕刻，完成之后点击两次"细分曲面"；选择"拉起"，在头发上进行拉起操作，可以切换到"光影着色"显示模式观察一下，效果如图 7-14 所示。使用平滑工具平滑一下，再次调整后切换回启动页面。

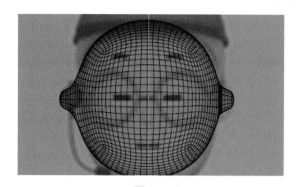
图 7-8

图 7-9

图 7-10

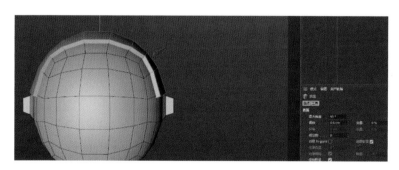
图 7-11

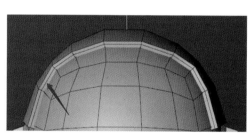
图 7-12

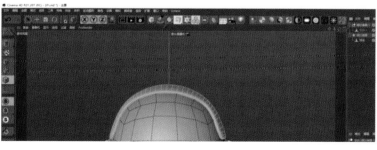
图 7-13

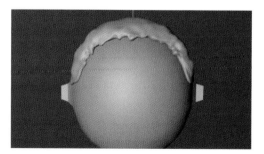
图 7-14

（4）新建一个球体，使用缩放工具将其缩小，在属性栏中选择类型为"半球体"，如图 7-15 所示，将半球体做成的帽子放在头部的中央，对齐头部，如图 7-16 所示；如果帽子太小，可以适当放大盖住头发部分，将其转为可编辑对象（"C掉"），再点击鼠标右键选择"挤压"。点击鼠标右键选择"循环/路径切割"，增加一条循环切割线，如图 7-17 所示。切换到面模式，选择图 7-18 所示的面，按住 Ctrl 键配合移动工具将其往外一段一段拖出，拖到与帽檐长度差不多，如图 7-19 所示；选择图 7-20 所示的边，按住 Alt 键赋给其细分曲面效果，如图 7-21 所示。选择这几个图层，按 Alt+G 键新建一个组，重命名为"头顶"，并将其隐藏。

图 7-15

图 7-16

图 7-17

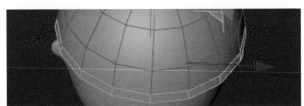

图 7-18

图 7-19

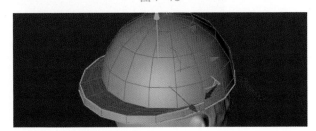

图 7-20

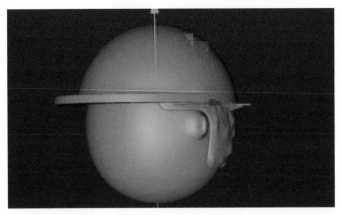

图 7-21

　　（5）切换到正视图建造眼镜模型。新建一个"圆环"，如图 7-22 所示；在属性栏中将方向改为"-Z"，点击圆环上的黄点将其缩小，再使用缩放工具将其整体缩小，对应参考图上的眼镜环，如图 7-23 所示。在属性栏中将圆环分段设为 25，导管分段设为 8，按住 Ctrl 键复制出一个圆环放在左边。使用旋转工具将图 7-24 中的两条线对齐。选择两个圆环，点击鼠标右键，选择图 7-25 中的"连接对象 + 删除"，将其转为一个可以同时编辑的对象。选择图 7-26 所示的面（四个面），切换为缩放工具，按住 Ctrl 键将选中的面拉出来，再切换到正视图，在边模式下，使用框选工具和旋转工具，对图 7-27 中的边进行调整，然后使用缩放工具适当将其缩小一点。选择另外一条边，进行同样的操作。如果坐标轴弯曲可以点击工具栏中的坐标系统菜单进行修正，修正后需要点击"取消"，防止后续坐标出现错误。效果如图 7-28 所示。

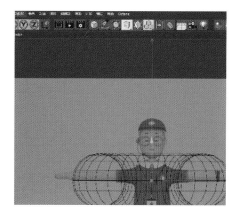

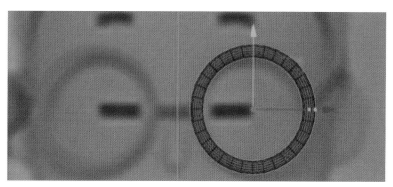

图 7-22　　　　　　　　　　　　　　　　　图 7-23

图 7-24

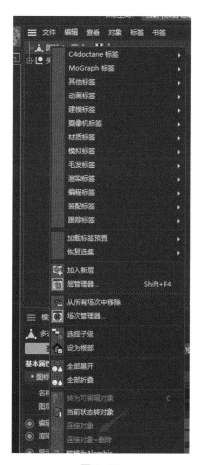

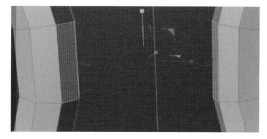

图 7-26

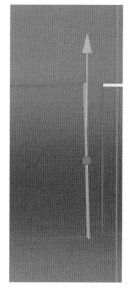

图 7-25　　　　　　　　　　　　　　　　　图 7-27

图 7-28

（6）在面模式下，选择刚刚的四个面，按 Delete 键删除面。切换到点模式，点击鼠标右键选择缝合工具，将图 7-29 所示的点进行缝合（长按鼠标左键缝合）；使用框选工具，选择刚缝合的点进行拉伸，如图 7-30 所示。选择点模式，点击鼠标右键选择"循环 / 路径切割"，添加图 7-31 所示的边。使用框选工具，在边模式下选择图 7-32 所示的边进行缩放。切换到模型模式，按住 Alt 键给模型添加细分曲面效果，打开"显示"中的"光影着色（线条）"进行观察。

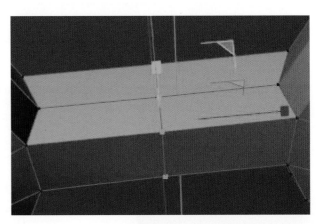

图 7-29　　　　　　　　　　　　　　　　图 7-30

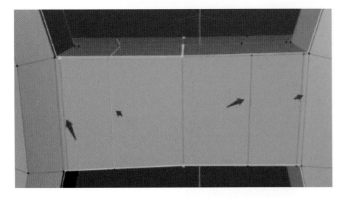

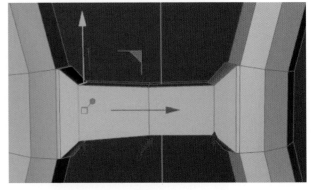

图 7-31　　　　　　　　　　　　　　　　图 7-32

（7）切换到正视图，新建眼镜腿；切换到透视图，将头顶的模型显示出来。新建立方体，点击黄点缩小立方体，如图 7-33 所示，将其"C 掉"。点击鼠标右键，用循环 / 路径切割工具增加一条线，如图 7-34 所示。切换到面模式，选择图 7-35 所示的面，将其拉出。再切换到边模式，在工具栏中选择循环选择工具，选择图 7-36 所示的边，将其进行倒角，并按住 Ctrl 键复制出一个，放到另外一边合适的位置，如图 7-37 所示。

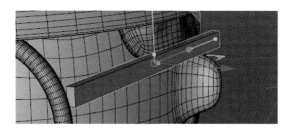
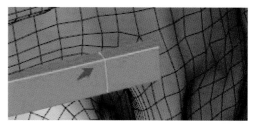

图 7-33　　　　　　　　　　　　　　　　　　图 7-34

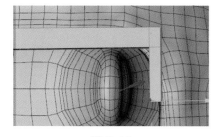
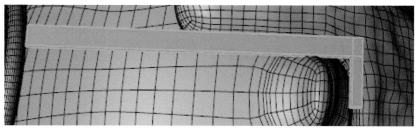

图 7-35　　　　　　　　　　　　　　　　　图 7-36

图 7-37

（8）制作鼻子部分。新建立方体，点击黄点将其缩小并"C掉"，如图7-38所示；选择最上层的面将其缩小，按住Alt键给其添加细分曲面效果，再点击鼠标右键进行循环/路径切割，如图7-39所示，将其嵌入脸部合适位置。点击鼠标右键进行循环/路径切割，在其右侧切割出一条循环边，如图7-40所示。

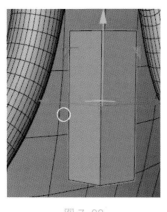

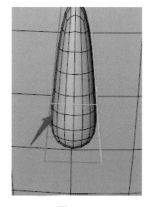
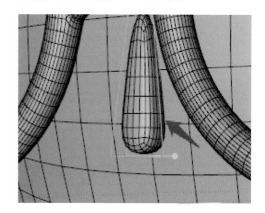

图 7-38　　　　　　　　　　图 7-39　　　　　　　　　　图 7-40

（9）制作耳麦的模型。新建一个圆柱，拖动黄点缩小，旋转到图7-41所示的位置。在圆柱属性栏中点击"封顶"，将"圆角"勾选上。切换为四视图，选择画笔工具，在圆柱中间进行点击，再对着参考图中的耳麦中部进行点击，形成样条，随后调整位置，如图7-42所示。使用框选工具框选图7-43所示的点，将其移出来，调整线的位置，如图7-44所示。新建一个"圆环"，如图7-45所示，在属性栏中将半径设为0.3 cm，按住Alt键添加"扫描"，将"样条"和"圆环"放到"扫描"下面，如图7-46所示。扫描出一条线，给它光影着色，选择左边工具栏的"轴对齐"，勾选图7-47所示的选项，修改细节并对齐，效果如图7-48所示。

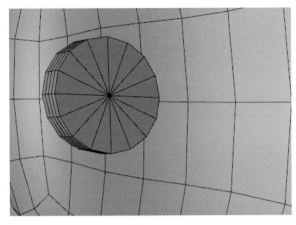
图 7-41

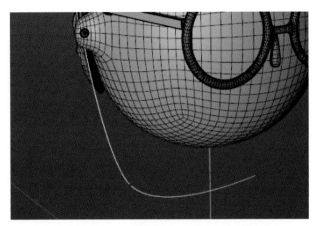
图 7-42

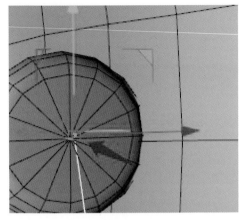
图 7-43

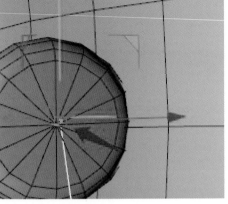
图 7-44

图 7-45

图 7-46

（10）新建一个"胶囊"，在属性栏中将方向设为"-Z"，旋转整体，缩小并放到合适位置，如图 7-49 所示。

图 7-47

图 7-48

图 7-49

（11）制作脖子的部分。首先关掉头部的细分曲面效果显示，在面模式下，对图 7–50 所示的面进行内部挤压，按住 Ctrl 键拉出两次，点击放大，如图 7–51 所示；选择图 7–52 所示的线，点击鼠标右键后点击"消除"（四条），打开细分曲面显示，如图 7–53 所示。

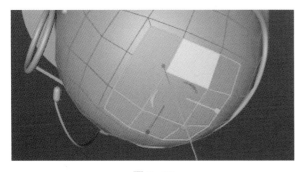

图 7–50

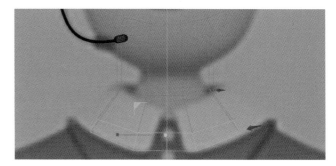

图 7–51

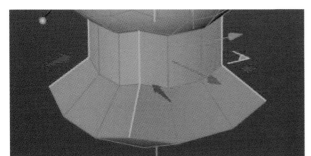

图 7–52

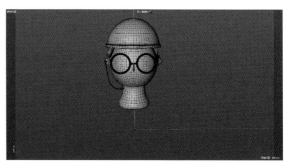

图 7–53

（12）制作躯干的部分。这是一个静态的模型，在场景中有视觉遮挡的部分，因此身体模型只做上半部分。首先切换到正视图，新建一个立方体，将其放在参考图中间，拖动黄点缩小，如图 7–54 所示。在属性栏将 Y 轴分段设为 5，X 轴分段设为 2，便于进行对称操作，再将其转为可编辑对象（"C 掉"）。在面模式下，使用框选工具选择左边的面，按 Delete 键删除，如图 7–55 所示（如果属性栏有"仅选择可见元素"选项一定要取消勾选）。选择模型，按住 Alt 键给其添加对称效果，再选择立方体，在点编辑模式下，使用框选工具修改模型大小，如图 7–56 所示。切换到透视图，将除了躯干模型以外的图层全部选择并新建组，然后隐藏。

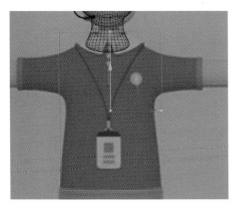

图 7–54

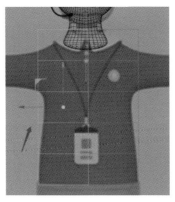

图 7–55

图 7–56

（13）新建立方体，使用缩放工具将其缩小，如图 7–57 所示；选择立方体，在点模式下，选择点进行放大，如图 7–58 所示；在模型模式下按住 Alt 键给其添加细分曲面效果，然后隐藏细分曲面。

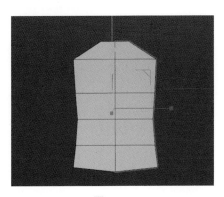

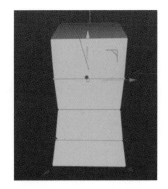

图 7-57　　　　　　　图 7-58

（14）切换到正视图制作手臂部分。新建立方体，选择图 7-59 所示的面进行拖出。在边模式下使用框选工具将手臂进行旋转和缩放，如图 7-60 所示，细化一些细节。选择图 7-61 所示的边进行缩放，效果如图 7-62 所示；再次选择图 7-63 所示的边进行缩放。点击鼠标右键在图 7-64 中新建一条循环 / 路径切割线，点击这根线对其进行缩小，使其适合，如图 7-65 所示。在点模式下，点击鼠标右键选择"循环 / 路径切割"，在图 7-66 中加一条循环线。在面模式下选择右侧面，如图 7-67 所示，点击鼠标右键选择"内部挤压"；选择图 7-68 所示的线进行旋转。

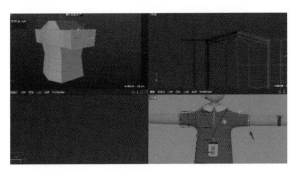

图 7-59　　　　　　　图 7-60

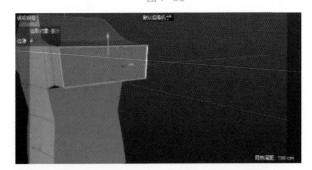

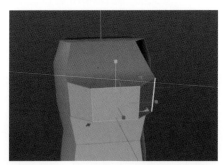

图 7-61　　　　　　　图 7-62

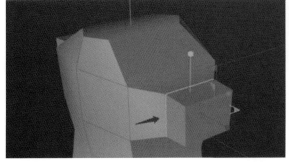

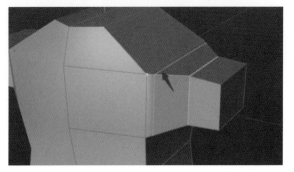

图 7-63　　　　　　　图 7-64

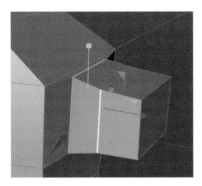

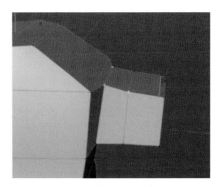

图 7-65　　　　　　　　　　　　　　图 7-66

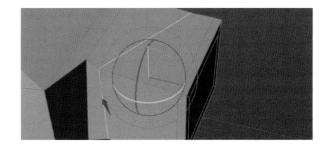

图 7-67　　　　　　　　　　　　　　图 7-68

（15）使用框选工具框选手臂的中线进行旋转、移动，如图 7-69 所示；打开细分曲面效果显示进行观察，如图 7-70 所示，对总体进行细微调整。关掉细分曲面效果显示，点击图 7-71 中的线，右键选择"消除"，再在图 7-72 中加一条循环 / 路径切割线。在面模式下，选择图 7-73 中的面，右键选择"内部挤压"，再使用挤压工具将其挤压下去，如图 7-74 所示；将对称效果隐藏，选择图 7-75 中的面并删除。切换为点模式，选择图 7-76 中的点，在操作视图的右下角将 X 轴的位置参数归零，记得点击"应用"，效果如图 7-77 所示；进行优化，将图 7-78 中的线右键消除，继续调整一下。

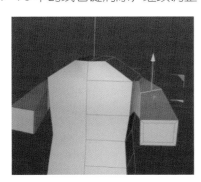

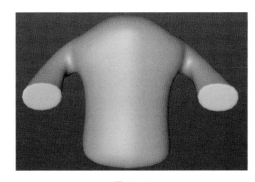

图 7-69　　　　　　　　　　　　　　图 7-70

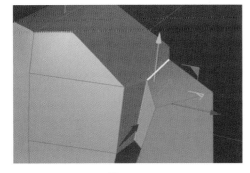

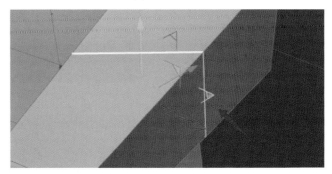

图 7-71　　　　　　　　　　　　　　图 7-72

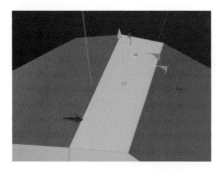

图 7-73

图 7-74

图 7-75

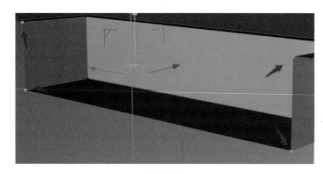

图 7-76

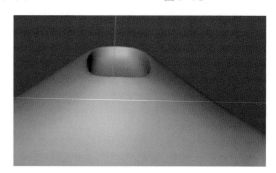

图 7-77

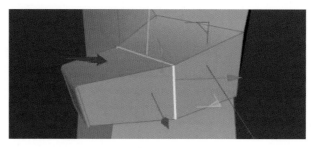

图 7-78

（16）制作衣服的衣领。隐藏图层面板中的"对称"和"细分"，选择图 7-79 所示的面进行内部挤压，将图 7-80 所示的面删除。在点编辑模式下，选择图 7-81 所示的点，将其 X 轴的位置参数设置为零，打开"对称"显示，选择图 7-82 所示的面按住 Ctrl 键进行挤压，如图 7-83 所示；关掉"对称"显示，选择图 7-84 中的面进行删除。再打开"对称"显示，选择图 7-85 所示的面进行挤压，并向下拖曳，如图 7-86 所示。打开细分曲面效果显示（一定要注意前面细节调整），调整其他部分的细节。

图 7-79

图 7-80

图 7-81

图 7-82

图 7-83

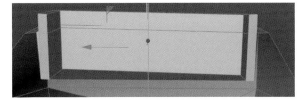

图 7-84

图 7-85

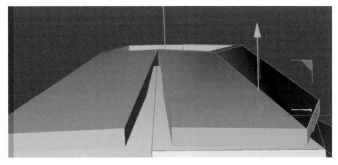

图 7-86

（17）制作手臂细节部分。将所有模型全部隐藏，新建立方体，拖动黄点对其进行调整，如图 7-87 所示；打开"光影着色（线条）"，在属性栏修改参数，如图 7-88 所示，修改一下大小并"C 掉"；选择立方体右上角侧边的面，按住 Ctrl 键移动一下位置，如图 7-89 所示；使用旋转工具将面进行旋转，并缩放一下，按住 Ctrl 键复制出一个，如图 7-90 所示；选择其中四个面，右键挤压并在属性栏取消"保持群组"的勾选，效果如图 7-91 所示。挤压出来一节，点击鼠标右键再点击"沿法线缩放"（按 Shift+V 键在属性栏中打开多边形法线），做出手指效果，如图 7-92 所示。在点模式下，选择手背上的点往上提一点，如图 7-93 所示；选择后面的面进行内部挤压，如图 7-94 所示；再将面挤压出来，如图 7-95 所示。选择图 7-96 中的边向后拖曳，再选择图 7-97 中的面，使用缩放工具进行放大，按住 Alt 键给其添加细分曲面效果，观察整体大小并调整细节，将手臂后面的面进行删除，效果如图 7-98 所示，形似手臂。

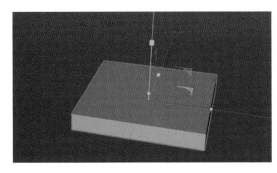

图 7-87

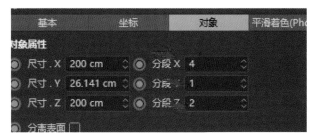

图 7-88

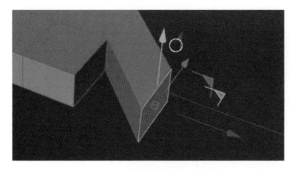
图 7-89

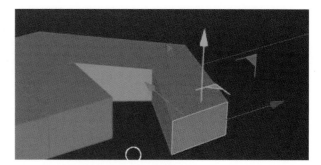
图 7-90

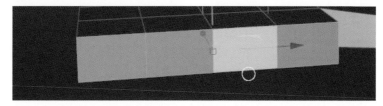
图 7-91

图 7-92

图 7-93

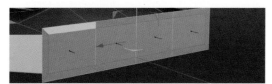
图 7-94

图 7-95

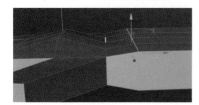
图 7-96

图 7-97

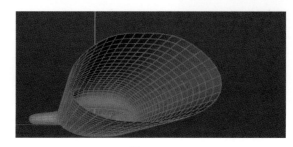
图 7-98

（18）将手指模型的长度分别进行调整，长短不一，如图7-99所示。打开身体部分的模型，将手臂缩小，再选择身体部分模型将手臂的面挤压进去，如图7-100所示。点击鼠标右键，使用循环/路径切割工具在图7-101所示的位置添加两条线，选择手臂进行旋转，放到身体手臂位置。选择手臂，删掉后面两节的面，如图7-102所示。点击手臂的"细分曲面"，复制出一份并"C掉"，如图7-103所示；将"细分曲面1"隐藏掉，将"立方体"拖出来，如图7-104所示；将手臂嵌进去，按住Shift键选择"扭曲"，再选择旋转参数（参数可以根据手臂和旋转角度适当调整），如图7-105所示；调整位置，如图7-106所示。

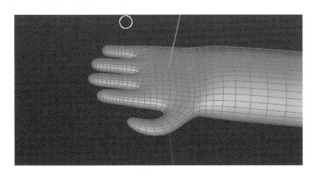

图 7-99

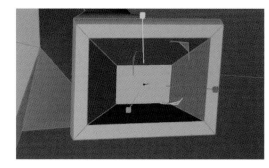

图 7-100

图 7-101

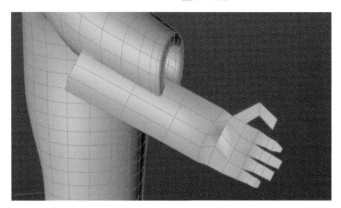

图 7-102

图 7-103

图 7-104

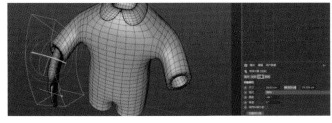

图 7-105

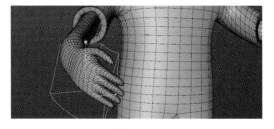

图 7-106

（19）在图层面板中选择手臂，按住Alt键给其添加对称效果，在属性栏中将方向设置为"XY"，调整后将手臂放进去，如图7-107所示。手臂部分可以先做一条手臂再对称。

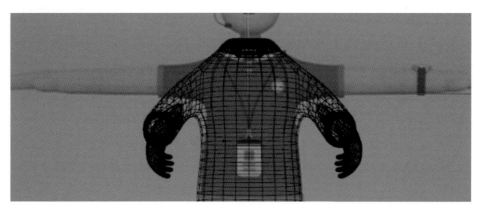

图 7-107

（20）制作衣服上面的细节。新建一个球体，点击并拖动黄点将其缩小，放在图 7-108 所示的位置上，按住 Alt 键添加克隆效果，在属性栏中修改参数，如图 7-109 所示；将其嵌入衣服模型，如图 7-110 所示。新建圆柱，在属性栏中将方向设为"-Z"，使用缩放工具将其缩小，放到胸部位置，如图 7-111 所示；在属性栏（见图 7-112）中将"圆角"勾选上，调整细节、位置。

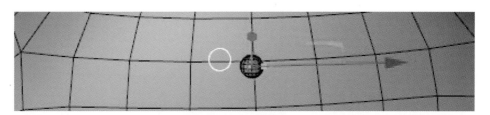

图 7-108

图 7-109

图 7-110

图 7-111

图 7-112

（21）新建一个圆环（将头部显示出来），在属性栏中将方向设为"XZ"，如图 7-113 所示，调整大小，放到图 7-114 所示的位置并"C 掉"。在点模式下对圆环进行调整下拉，效果如图 7-115 所示。

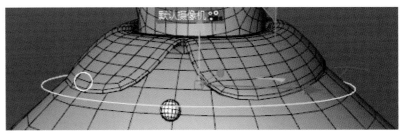

图 7-113   图 7-114

（22）新建一个圆环，在属性栏中将半径设为 1 cm，按住 Alt 键为其添加扫描效果，然后调整大小，如图 7-116 所示。

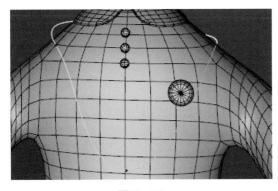

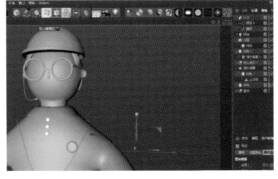

图 7-115   图 7-116

（23）制作场景部分。新建立方体和平面，将其拉长，形成一个柜台，如图 7-117 所示。

【注：可以选择身体部分的模型，取消细分曲面效果，选择最底部的面拉出，形成腿的一部分，但是由于场景原因，腿的部分在视觉上被遮挡，所以可以不进行建模操作。】

将平面复制一份，方向设为"-Z"，作为背景。选择刚刚复制出的平面，对其进行缩放并"C掉"，如图 7-118 所示。在边模式下，选择图 7-119 所示的边，按住 Ctrl 键，复制出一面背景，如图 7-120 所示；在面模式下，使用循环选择工具，选择图 7-121 所示的面，点击鼠标右键进行挤压（或按住 Ctrl 键挤压）。在边模式下，循环选择边，并进行倒角。如果觉得背景中格子太大可以添加一些线条使得格子变小，如图 7-122 所示。新建一个 OC 摄像机，调整一下人物模型的角度，旋转一下，使其呈现的画面是人物正倾斜着看着桌面。

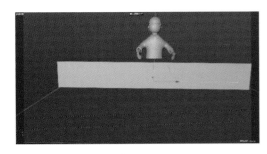

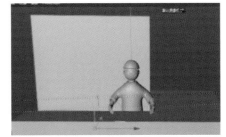

图 7-117   图 7-118   图 7-119

图 7-120   图 7-121

图 7-122

　　（24）选择桌面的立方体，在属性栏中，将"圆角"勾选上，半径参数设为 2 cm。新建立方体，将其缩小、压扁，如图 7-123 所示，再将其"C掉"。选择顶部的面，使用内部挤压工具对其进行挤压，再使用挤压工具将其向内挤压进去，按住 Alt 键添加细分曲面效果，如图 7-124 所示。使用循环 / 路径切割工具为其添加两条保护线，如图 7-125 所示；在图层面板中，点击"细分曲面"组，按住 Alt 键给其添加克隆效果，在属性栏将数量设为 12，Y 轴的位置设为"3 cm"。新建立方体，调整大小，放在人物左边；复制出一个，将复制出的立方体缩小放到原立方体中间部位，如图 7-126 所示；按住 Alt 键添加布尔效果，将"立方体 2"拖到"立方体 1"下面，如图 7-127 所示。在边模式下选择"布尔"，进行倒角，效果如图 7-128 所示。

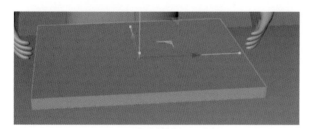

图 7-123

图 7-124

图 7-125

图 7-126

图 7-127

　　（25）新建一个立方体，将其缩小放在图 7-129 所示的位置，在属性栏中将"圆角"勾选上，半径参数设为 0.5 cm；复制一份，调整大小，再次复制出一个并缩小，如图 7-130 所示。再复制两个，调整位置和大小，如图 7-131 所示。

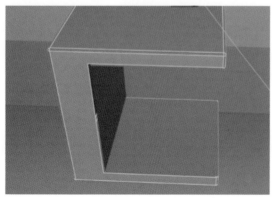

图 7-128

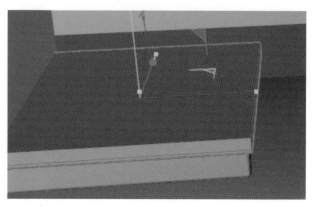

图 7-129

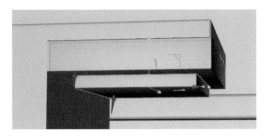

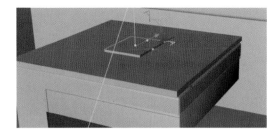

图 7-130　　　　　　　　　　　　　　　图 7-131

（26）新建圆环，方向设为"-X"，调整大小后放在图 7-132 所示的位置。新建圆柱，勾选"圆角"，调整大小后放在图 7-133 所示的位置。使用样条画笔工具绘制贝塞尔曲线，在模型模式下，使用轴对齐，将曲线放到图 7-134 所示的位置，按住 Alt 键添加克隆效果，在属性栏中将 Y 轴的参数归零，Z 轴位置设为"23 cm"。新建圆环，半径大小设为 1 cm，按住 Alt 键添加扫描效果，将"样条"放到"扫描"里面，将"扫描"放入"克隆"里面，如图 7-135 所示。

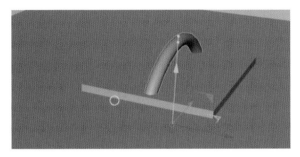

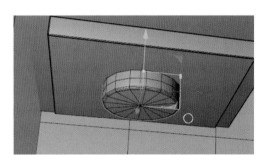

图 7-132　　　　　　　　　　　　　　　图 7-133

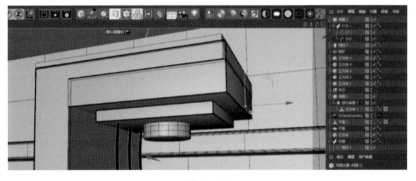

图 7-134　　　　　　　　　　　　　　　图 7-135

（27）新建一个胶囊，再将其复制两个，放到图 7-136 所示的位置。在内容浏览器里面导入一个水杯或者将之前做好的水杯模型直接导进来，放在图 7-137 所示的位置。切换到正视图，点击选择样条画笔工具，新建一条曲线，如图 7-138 所示；使用旋转工具，按住 Alt 键使其旋转得到图 7-139 所示的效果；将其转为可编辑对象，对底部面上的边进行倒角处理，如图 7-140 所示。

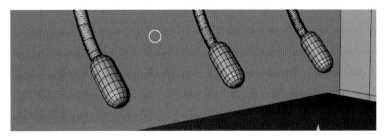

图 7-136

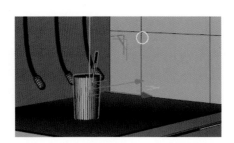

图 7-137

图 7-138

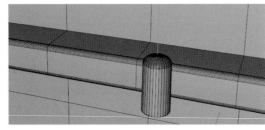

图 7-139

图 7-140

（28）新建一个圆柱，将其缩小到合适位置，放到上一步旋转所得的模型上面，如图 7-141 所示，勾选"圆角"，半径参数设为 0.6 cm，将其"C 掉"。在面模式下，选择圆柱顶部的面，进行内部挤压，按住 Ctrl键将面向外挤压并缩放，如图 7-142 所示；按 Alt+G 键对其建立组并移动到墙柜模型上，按住 Ctrl 键复制一个。

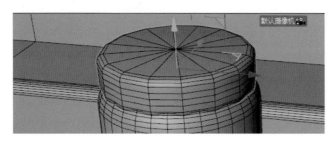

图 7-141

图 7-142

（29）新建两个立方体放在后面的墙上，如图 7-143 所示，在属性栏中将"圆角"勾选上。新建一个圆柱，将方向设为"-Z"，放在图 7-144 所示的位置，属性栏中勾选上"圆角"，复制一个并缩小，放在上面，挤压出一个汉堡包形状（类似即可），如图 7-145 所示。最终效果如图 7-146 所示。

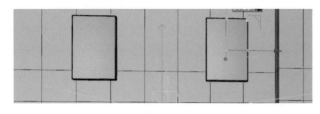

图 7-143

图 7-144

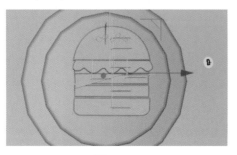

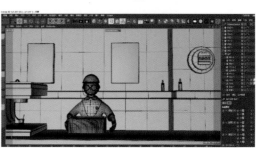

图 7-145

图 7-146